U0320916

饲养管理与疾病防治问答

◎荣 光 主编

中国农业科学技术出版社

图书在版编目（CIP）数据

蛋鸡饲养管理与疾病防治问答 / 荣光主编 .— 北京：
中国农业科学技术出版社，2018.6
ISBN 978-7-5116-3649-2

Ⅰ.①蛋… Ⅱ.①荣… Ⅲ.①卵用鸡 - 饲养管理 - 问题
解答 ②卵用鸡 - 鸡病 - 防治 - 问题解答 Ⅳ.① S831.4-44
② S858.31-44

中国版本图书馆 CIP 数据核字（2018）第 081960 号

责任编辑　张国锋
责任校对　马广洋

出 版 者　中国农业科学技术出版社
　　　　　北京市中关村南大街 12 号　邮编：100081
电　　话　（010）82106636（编辑室）（010）82109702（发行部）
　　　　　（010）82109709（读者服务部）
传　　真　（010）82106631
网　　址　http ://www.castp.cn
经 销 者　各地新华书店
印 刷 者　北京富泰印刷有限责任公司
开　　本　880mm×1 230mm　1/32
印　　张　7
字　　数　216 千字
版　　次　2018 年 6 月第 1 版　2018 年 6 月第 1 次印刷
定　　价　28.00 元

编写人员名单

主　　编　荣　光

副 主 编　吴　瑞　高利荣

其他编者　刘　源　刘一飞　闫凤霞　施力光

　　　　　　　许贵宝　李连任　闫益波　李　童

　　　　　　　李长强　侯和菊　董安福　季大平

前　言

　　《畜禽饲养管理与疾病防治问答》是一套新型职业农民从事养殖生产的必备参考书目，是作者针对当前农村养殖生产实际，总结近年来农业科技推广经验的基础上编写而成。全套书由农业科学院专家、学者和生产一线技术服务人员共同参与编写，内容全面系统，实用性强。

　　《畜禽饲养管理与疾病防治问答》分10个分册，前期已经出版《肉牛饲养管理与疾病防治问答》和《肉羊饲养管理与疾病防治问答》。这次出版的是生猪、蛋鸡、肉鸡、土鸡、家兔、蛋鸭、肉鸭、鹅等的饲养管理与疾病防控技术，内容包括饲养品种与繁殖、饲料与营养、饲养管理以及养殖场常见疾病防控等内容。

　　在编写过程中，力求语言通俗易懂，简明扼要，既注重普及，又兼顾提高，更注重实用性和可操作性。让广大畜禽养殖者一看就懂，一学就会，用后见效。本书可供新型职业农民从事养殖生产使用，也可供各类养殖场饲养人员、兽医和为畜禽场提供兽医技术服务的临床兽医使用，还可作为畜牧兽医教学、科研的参考资料。

　　在编写本书时，编者虽然百般努力，力求广采博取，但因水平所限，仍难免挂一漏万，珠砂并蓄。在此，向为本书提供资料、支持本书编写的同仁深表感谢，还望广大读者和同行们对不妥之处不吝指出，以便以后不断修正补充。

　　书中引用资料较多，由于篇幅有限未能一一列出，在此谨一并表示谢意。

编者

2018 年 3 月

目 录

第一章 蛋鸡的品种与种蛋孵化

1. 蛋鸡的商业品种有哪些类型?

根据蛋壳颜色不同,现代蛋鸡商业品种主要分为以下 3 种类型。

(1) 现代白壳蛋鸡 全部来源于单冠白来航鸡品变种,通过培育不同的纯系生产两系、三系或四系杂交的商品蛋鸡。一般利用伴性快慢羽基因在商品代实现雏鸡自别雌雄。这种鸡适于集约化笼养管理。生产中常见的白壳蛋鸡品种有星杂 288、巴布考克 B300、海兰 W36、海兰 W98、罗曼白、迪卡白、尼克白、京白 938 等。

(2) 褐壳蛋鸡 主要利用伴性羽色基因实现雏鸡自别雌雄。最主要的配套模式是以洛岛红鸡(加入少量新汉夏鸡血统)为父系,洛岛白鸡或白洛克鸡等带伴性银色基因的品种作母系。利用横斑基因作自别雌雄时,则以洛岛红鸡或其他非横斑羽型鸡品种(如澳洲黑鸡)作父系,以横斑洛克鸡为母系进行配套,生产商品代褐壳蛋鸡。生产中常见的褐壳蛋鸡品种有海兰褐、罗曼褐、伊莎、海赛克斯褐、尼克红等。

(3) 浅褐壳(或粉壳)蛋鸡 是利用轻型白来航鸡与中型褐壳蛋鸡杂交产生的鸡种,因此用作现代白壳蛋鸡和褐壳蛋鸡的标准品种,一般都可用于浅褐壳蛋鸡。目前主要采用的是以洛岛红型鸡作为父系,与白来航型鸡母系杂交,并利用伴性快慢羽基因自别雌雄。

粉壳蛋鸡按配套生产方式分为以下几类。

① 褐壳蛋鸡和白壳蛋鸡杂交型。生产中常见的此类品种有亚康、星杂 444、伊莎粉、海兰灰、宝万斯高兰粉、罗曼粉、海赛克斯粉、尼克粉、京白 939 等。

② 蛋鸡和其他品种杂交型。是由白壳蛋鸡或褐壳蛋鸡与其他品种

杂交所产生的杂种鸡。生产中常见的此类品种有农大 3 号、花凤鸡等。

③ 地方品种。我国地方鸡种所产蛋绝大部分为粉壳蛋，俗称草鸡蛋，由于此类蛋型较小，蛋壳色泽亮丽，符合大众消费习惯，所以市场销售价格相对较高。其中有部分鸡种的产蛋量相对较高，如仙居鸡、白耳黄鸡、济宁百日鸡、文昌鸡、崇仁麻鸡等。

2. 什么是配套系，蛋鸡的杂交配套主要有哪些类型？

配套系是在标准品种（或地方品种）的基础上采用现代育种方法培育出的、具有特定商业代号的高产群体，也称为商用品系。标准品种注重血统的一致，突出典型的外貌特征，尤其注意羽色、冠型、体型等；而配套系是现代育种的结晶，不是凭空而来的，是对标准品种的继承和发展。

蛋鸡的杂交配套主要为三系和四系杂交。三系杂交形式是最普遍的。三系配套时父母代母本是二元杂种，所以其繁殖性能可获得一定杂种优势，再与父系杂交仍可在商品代产生杂种优势，因此从提高商品代生产性能上讲是有利的。在供种数量上，母本经祖代和父母代二级扩繁，供种量可大幅度增加；父系虽然只有一级扩繁，但由于公鸡需要量较少，完全可以满足需要。

3. 我国饲养较多的褐壳蛋鸡品种有哪些？

（1）海兰褐　是由美国海兰公司研究的品种，该品种适合我国各个地方饲养，具有育雏成活率高、饲料报酬高、产蛋多等特点。商品代生产性能：18 周龄成活率为 96%~98%，体重为 1.50~1.65 千克，80 周龄产蛋数为 344 枚。

（2）伊莎褐　是由法国伊萨公司培育的一个蛋鸡高产品种，该品种母鸡羽毛为褐色带有少量白斑，体型中等，耐病性强，在我国各地均有饲养。商品代伊莎褐蛋鸡入舍母鸡产蛋量为 308 枚，高峰期产蛋率为 92%。

（3）罗曼褐　是由德国罗曼公司培育的，具有适应性强、耗料少、成活率、产蛋率高等优点，而且耐热、安静，在我国各个地区均有饲养。罗曼商品代蛋鸡主要生产性能：18 周龄成活率高达 98%，产蛋期成活率为94.6%。

（4）迪卡褐　是美国迪卡布公司育成的四系配套杂交鸡。父本两系均为褐羽，母本两系均为白羽。商品代雏鸡可用羽色自别雌雄：公雏白羽，母雏褐羽。据欧洲家禽测定站的平均资料：72周龄产蛋量273个，平均蛋重62.9克，总蛋重17.2千克，每千克蛋耗料2.56千克；产蛋期死亡率5.9%。

（5）罗斯褐　为英国罗斯公司育成的四系配套杂交鸡。父本两系褐羽，母本两系白羽，商品代雏鸡可根据羽色自别雌雄。据测定，罗斯褐商品鸡72周龄产蛋量271.4个，平均蛋重63.6克，总蛋重17.25千克，每千克蛋耗料2.46千克；0~20周龄育成率99.1%，产蛋期死亡淘汰率10.4%。

（6）农大褐　商品代母鸡产蛋性能高，适应性强，饲料报酬高，是目前国内选育的褐壳蛋鸡中最优秀的配套系。0~20周龄育成率96.7%；20周龄鸡的体重1.53千克；163日龄达50%产蛋率，72周龄产蛋量278.2个，平均蛋重62.85克，总蛋重16.65千克，每千克蛋耗料2.31千克；产蛋期末体重2.09千克；产蛋期存活率91.3%。

（7）B-6鸡　是国内选育的唯一黑羽的褐壳蛋鸡。其主要生产性能为：0~20周龄育成率93.5%；20周龄体重1.68千克；155日龄达50%产蛋率，72周龄产蛋量274.6个，平均蛋重58.28克，总蛋重16.01千克，每千克蛋耗料2.54千克；产蛋期末体重2.1千克；产蛋期存活率82.7%。该鸡种体型偏大，蛋重偏小。公鸡带有色羽毛，生长快，肉质好，很受养殖者欢迎。

4. 我国饲养的白壳蛋鸡品种主要有哪些？

我国饲养的白壳蛋鸡主要是以来航品种为基础育成的，是蛋用型鸡的典型代表。主要有京白904、京白938、滨白42、滨白584、星杂288、海赛克斯白、巴布可克B-300、罗曼白、海兰W-36、迪卡白等。

5. 我国饲养较多的粉壳蛋鸡品种有哪些？

粉壳蛋鸡是由洛岛红品种与白来航品种间正交或反交所产生的杂种鸡，其蛋壳颜色介于褐壳蛋与白壳蛋之间，呈浅褐色，严格地说属于褐壳蛋，国内群众都称其为粉壳蛋，也就约定俗成了。其羽色以白色为背景，有黄、黑、灰等杂色羽斑，与褐壳蛋鸡又不相同。因此，就将其分成粉壳蛋鸡一类。因蛋壳颜色与我国地方鸡种的蛋壳颜色接近，其产品多以"土鸡蛋""草鸡蛋"出售，利润空间大，因此近些年来粉壳蛋鸡发展迅速。主要品种有星杂 444、农昌 2 号、B-4 鸡、新型 B-4 鸡、京白 939、奥赛克（冀育自别）蛋鸡等。

6. 绿壳蛋鸡有什么突出特点？

绿壳蛋鸡因产绿壳蛋而得名，其特征是所产蛋绿色，集天然黑色食品和绿色食品为一体，世界罕见，是我国特有禽种，被农业部列为"全国特种资源保护项目"。抗病力强，适应性广，喜食青草菜叶，饲养管理、防疫灭病和普通家鸡没有区别。绿壳蛋鸡体形较小，结实紧凑，行动敏捷，匀称秀丽，性成熟较早，产蛋量较高。成年公鸡体重3.2~4.5 千克，母鸡体重 1.9~3.1 千克，年产蛋 160~180 枚。

7. 引进蛋鸡品种时应注意哪些问题？

对鸡种的选择，应考虑到所选择鸡种的品种、供种厂家的生产管理状况及市场需要等多方面因素。目前，规模化饲养商品蛋鸡的场家大多以商用配套系生产，引进品种以罗曼蛋鸡和海兰蛋鸡为主。国内品种主要有"京红 1 号""京粉 1 号""农大 3 号""新杨"系列蛋鸡及"京白 939"等品种。引种时应考虑从正规的大型种鸡场引种，种鸡场应具有《种畜禽生产许可证》、提供配套的技术资料和售后服务。此外，还要注意以下几点。

（1）优良蛋鸡品种应该具备的特征

① 具有较高的产蛋性能，年平均产蛋率达 75%~80%，平均每只入舍母鸡年产蛋 16~18 千克。

② 抗应激能力强，抗病力、育雏成活率、育成率和产蛋期存活率都能达到较高水平。

③ 体质强健，体力充沛，能维持持久的高产。

④ 蛋壳质量好，即使在产蛋后期和夏季仍然保持较小的破蛋率。

（2）饲养蛋鸡品种的选择依据

① 选择产蛋量高的品种。饲养蛋鸡的目的就是为了获得既多又好的鸡蛋。因此，在选择饲养品种时最重要的要看该品种的生产成绩，尤其是产蛋量。现代商品杂交鸡性成熟早，20 周龄开始产蛋，25~26 周龄进入产蛋高峰期，饲养管理条件好的情况下，90% 以上产蛋率的时间可持续 10 周以上，年产蛋总重量每只蛋鸡可达 18 千克。如前面所述，目前各大育种公司的蛋鸡品种都有各自的生产性能介绍，有的还有产蛋量标准曲线描述，饲养者可根据需要选择。

② 选择饲料报酬高的品种。饲料报酬也叫料蛋比，即每产 1 千克鸡蛋所需的饲料千克数。显然，料蛋比越小，饲料报酬就越高，经济效益越高。目前，国内外较大的育种公司的蛋鸡品种都有各自的料蛋比。因此，养殖者在选择优品种时，应将产蛋量同饲料报酬结合起来综合考虑，争取找到一个比较理想的品种进行饲养。

③ 根据市场需求选择。选择蛋鸡品种要考虑所在地的市场需求。如果所在地市场盛行褐壳蛋鸡，那就选择褐壳蛋鸡，在中国乃至整个亚洲绝大多数消费者都喜欢食用褐壳鸡蛋。如果当地喜欢食用白壳蛋，那就要养白壳蛋鸡。

如果当地市场对个头大的鸡蛋较为喜欢，并且大个鸡蛋比小个鸡蛋贵，那最好选择老罗曼蛋鸡，因为老罗曼蛋鸡比新罗曼、海兰褐等褐壳蛋鸡所产的蛋个头都大。小鸡蛋受欢迎的地区和鸡蛋以个计价销售的地区，可以养体型小、蛋重小的鸡种。

我国有些地方品种虽然产蛋量低，但是蛋的品质良好，很受消费者青睐，其价格高于引进蛋鸡所产鸡蛋。尤其是最近几年，随着人们安全、绿色、环保、健康意识的增强，使得发展地方特色品种蛋鸡（土蛋鸡）有了很大的潜力。有条件的地方，可以放养土蛋鸡。

④ 根据当地的气候条件选择。选养品种时，要分析该品种产地饲养方式、气候和环境条件，并与引入饲养地比较，从中选出生命力强、成活率高、适于当地饲养的优良品种。在引种过程中既要考虑品种的生产性能，又要考虑环境条件与原产地是否有很大差异，如北方冬天寒冷，可选择体重较大、较耐寒的品种饲养；而南方夏天闷热易引起应激，可选择体型较小、抗热能力强的鸡种。

⑤根据自己的养殖水平确定。在饲养经验不足，鸡的成活率较低的地方，应该首选抗病力和抗应激能力比较强的鸡种。有一定饲养经验，并且鸡舍设计合理，鸡舍控制环境能力较强的农户，可以首选产蛋性状突出的鸡种。

选择蛋鸡品种还要看本人对各品种蛋鸡的熟悉程度及饲养习惯。比如你原来一直饲养罗曼蛋鸡，对该品种的生活习惯、管理、病病防治等都非常熟悉，最好还选罗曼褐来饲养。

另外，无论选购什么样的鸡种，必须在有生产许可证、有相当经验、有很强技术力量、规模较大、没发生严重疫情的种鸡场购雏。管理混乱，生产水平不高的种鸡场，很难提供具有高产能力的雏鸡。

（3）选择好孵化厂家　优质健康的雏鸡来源于优良的种鸡场，所以在计划购进雏鸡时，做好多方打听和实地考察。

首先，要选择具有一定饲养规模、知名度高、信誉良好的雏鸡供应厂家。这样的雏鸡厂种鸡存栏数量大、饲养设备先进、管理正规、种鸡疾病防控比较到位，也只有这样的种鸡厂才能够一次性提供大量的、优质的、健康的雏鸡，才能够拥有良好的售后服务。

其次，当雏鸡处于高价位运行时，在雏鸡选择上和开口药的使用上要谨慎；因为雏鸡处于高价位运行时，雏鸡的质量往往难以保障，雏鸡之所以处于高价位运行，多数是因为雏鸡供应数量减少，而造成雏鸡供应数量减少的原因主要是因为种鸡群生病或淘汰增多，造成种鸡产蛋率和孵化率降低，这种情况下种蛋的筛选和雏鸡的挑选都不会太严格，加上一些疾病的垂直传播，雏鸡的质量往往难以保障。所以此阶段育雏，在选雏上更要谨慎，选一些品牌大、规模大、信誉好的雏鸡厂家，并且做好各项育雏工作的准备，保证育雏阶段的顺利进行。

8. 怎么才能选择到合格的种蛋？

优良种鸡所产的蛋并非全部合格，必须严格选择。选择时首先注意种蛋来源，其次是注意选择方法。

（1）种蛋的来源　种蛋应来自生产性能高、无蛋传疾病、受精率高、饲养管理良好的健康种鸡群所产的鸡蛋。病鸡产的蛋不要用于孵化，因为有些疾病往往通过鸡蛋传给下一代。受精率低于80%，患有严重传染病或患病初愈和有慢性病的种鸡所产的蛋，均不宜作种蛋。如果需要外购，应先调查种蛋来源的种鸡群健康状况和饲养管理水平，签订供应种蛋合同。

（2）新鲜种蛋的标准　种蛋保存时间的长短与孵化率有直接的关系，要求越新鲜越好，一般7天内的种蛋最好，最长不能超过15天，15天以上的种蛋孵化率逐渐降低。

新鲜种蛋表面覆有一层霜状物，表面鲜艳，气室小。陈蛋则光泽暗浊，气室大。另外，适于孵鸡的种蛋应是椭圆形，两端匀称。

（3）蛋重、蛋形、蛋壳等的要求　蛋重过大或太小都影响孵化率和雏鸡质量。一般要求蛋用鸡种为52~68克，要严格剔除过大过小蛋。

合格种蛋应为卵圆形，蛋形指数0.72~0.75，以0.74最好。细长、短圆、橄榄形（两头尖）、腰凸的种蛋，不宜入孵。

种蛋的蛋壳要求致密、均匀、厚薄适中，过薄、过厚或一个蛋壳表现厚薄不均匀，如沙顶、钢壳、花皮等，都不适于孵化。

蛋壳的颜色应符合本品种的要求。如北京白鸡蛋壳应为白色；星杂579鸡、依莎褐鸡的蛋壳为褐色。但若孵化商品杂交鸡，对蛋壳颜色不需苛求。

（4）清洁度合格　种蛋的卫生容易被忽视，因为细菌对种蛋的污染所造成的危害远不如它对一只鸡所产生的影响那么直观。用脏蛋入孵，不仅本身孵化率低，而且污染了正常种蛋和孵化器，轻度污染的种蛋可以入孵，但要认真擦拭或用消毒剂洗去污物。

所以在平时，应加强对种蛋卫生的管理。种蛋的蛋壳上，不应该有粪便或破蛋液污染。种蛋的卫生应从鸡舍内开始，鸡舍内的用具应清洁无污染，特别是产蛋箱，产蛋箱是接触种蛋的第一环节，产蛋箱内的垫料要勤打扫、勤更换、勤消毒。其次，要及时捡蛋，每天捡蛋5~6次，尽量减少过夜蛋。捡蛋时应先捡好蛋，再捡脏蛋和地面蛋，并单独存放，脏蛋和地面蛋不能作种蛋，严禁用水洗和用布擦脏蛋，不太脏的蛋可用砂纸轻轻地擦掉脏物后留用。

（5）种蛋选择的场所　一般种蛋选择多在孵化场里进行，也可在鸡舍里，即在捡蛋过程和捡蛋完毕后，将明显不符合孵化用的蛋（如破蛋、脏蛋、各种畸形蛋）从蛋托中挑出。这样既减少污染，又提高了工效。

（6）种蛋的检查

① 听声。目的是剔除破蛋。方法是：两手各拿 3 枚蛋，转动五指，使蛋互相轻轻碰撞，听其声响。完整无损的蛋其声清脆，破蛋可听到破裂声。破蛋在孵化过程中，蛋内水分蒸发过快，细菌容易乘隙而入，危及胚胎的正常发育，因此孵化率低。

② 照蛋透视。目的是挑出裂纹蛋和气室破裂、气室不正、气室过大的陈蛋以及大血斑蛋。方法是：用照蛋灯或专门的照蛋设备，在灯光下观察。蛋黄上浮，多系运输过程中受震动引起系带断裂或种蛋保存时间过长；蛋黄沉散，多系运输中剧烈震动或细菌侵入，引起蛋黄膜破裂；裂纹蛋可见树枝状亮纹；砂皮蛋，可见很多亮点；血斑、肉斑蛋，可见白点或黑点，转动蛋时随之移动。

③ 剖视抽验。用于外购蛋。将蛋打开倒入有黑纸的玻璃板上，观察新鲜程度及有无血斑、肉斑。新鲜蛋，蛋白浓厚，蛋黄高突；陈蛋，蛋白稀薄成水样，蛋黄扁平甚至散黄。一般用肉眼观察即可。

9. 如何正确保存种蛋？

为了集中入孵，种蛋往往需要保存数日才进入孵化机进行孵化。如果保存的条件不当，种蛋会因品质下降而影响孵化率。因此，应按种蛋所要求的环境条件来保存，以保持种蛋的品质。合理地保存种蛋也与孵化雏鸡的品质有密切关系。种蛋保存条件主要是温度、湿度、通风三个方面。

（1）温度　鸡胚发育的临界温度为 23.9℃，种蛋保存期在 1 周以内，温度以 15~16℃为宜，1 周以上以 12℃为宜。应当注意的是，种蛋在进入储蛋库保存前的温度如高于保存温度时，应逐步降温（最好在蛋库内设有缓冲间），使种蛋的温度接近储蛋库的温度后，再放入储蛋库。

（2）湿度　保存种蛋的湿度以 75%~80% 为合适。相对湿度过高，容易使种蛋发霉；湿度太低，蛋内水分过度向外蒸发，气室增大，蛋失重过多，也会影响孵化效果。

（3）通气　蛋库内应有缓慢适度的通气，以防种蛋发霉。蛋盘的放置与墙壁应有适当的距离，保持一定的空隙，有利于通风换气。

大型的孵化场应有专门的种蛋贮存库（室）。贮存库（室）要求隔热性能良好、无窗的密闭房间。此外，贮存库（室）内还应配备恒温控制的采暖和制冷设备，配备湿度自动控制器。种蛋贮存室与种鸡舍之间的距离越远越好，同时应便于清洗和消毒。进入孵化厂的种蛋分级和清洁后，装入孵化盘，置于蛋架车上贮存比较好，这样种蛋与种蛋之间的空气流通均匀，这非常重要。因为种蛋内有一个活的胚胎，它需要氧气才能顺利地孵出优质的雏鸡。

种蛋的放置应小头向下。然而，当贮存较长时间时，应该将种蛋的小头向上且每天以 90° 翻蛋一次，这样可使蛋黄位于蛋的中心，避免胚胎与壳膜粘连。种蛋如需保存更长时间，可将种蛋装入不透气的塑料袋内，填充氮气，密封后放入蛋箱内保存。这样，可阻止蛋内物质和微生物的代谢，防止蛋内水分过分蒸发，使种蛋保存期延长到 3~4 周，孵化率仍有 75%~85%。

10. 如何正确运输种蛋？

目前，比较普遍采用的运输工具是种蛋纸箱，箱内一般每层装 30 枚（或 36 枚）。一箱蛋 300 枚（或 360 枚）。在运输过程中，不管用什么运输工具，都要注意尽力避免阳光暴晒，因为阳光暴晒会使种蛋受温而促使胚胎发育，就会影响孵化效果；防止雨淋受潮，种蛋被雨淋过之后，壳上膜受破坏，细菌就会侵入，还可能使霉菌繁殖，严重影响孵化效果。装运时，一定要做到轻装轻放，严防装蛋用具变形，严防过分强烈震动，强烈震动可能招致气室移位、蛋黄膜破裂、系带断裂等严重情况。如果道路高低不平，颠簸厉害，应在装蛋用具底下多铺些垫料，尽量减轻震动。

种蛋运到目的地后，应尽快开箱，除去破损的蛋，若发现有些蛋壳被破蛋的蛋黄或蛋白所污染，立即用干净的软布擦干，将种蛋装进盘内，做好孵化前的消毒工作，即入孵，不要再保存。

11. 为什么要消毒种蛋？如何消毒？

即使是刚从鸡体生出来的蛋，蛋壳上也可能有细菌，鸡蛋在垫料或地面上，也容易被污染而带菌，这些细菌在壳上还容易繁殖，若不消毒，细菌（特别是霉菌）繁殖过多，侵袭蛋内，影响孵化效果，并可能将疾病传播给雏鸡。尤其是雏鸡白痢病，危害大，因此蛋的消毒非常重要。

消毒种蛋的方法很多，这里仅将比较常用的几种方法介绍如下。

（1）新洁尔灭消毒法　消毒种蛋时，用新洁尔灭溶液，原液为5%溶液，使用时加水50倍配成1‰的溶液，用喷雾器喷洒在种蛋表面。

（2）氯消毒法　将蛋浸入含有活性氯1.5%的漂白粉溶液中3分钟，取出，沥干，装盘，这项工作应在通风处进行。

（3）碘消毒法　将种蛋置于1‰的碘溶液中浸泡30~60秒钟，取出沥干后装盘。

（4）高锰酸钾消毒法　消毒种蛋时用5‰的高锰酸钾溶液浸泡种蛋1分钟，取出沥干后装盘。

（5）福尔马林（甲醛溶液）熏蒸法　福尔马林是最有效的消毒药之一，以气体接触到整个蛋壳的表面，因此，福尔马林熏蒸是消毒大量种蛋最好的方法。熏蒸应该在环境控制的消毒室内进行，一般每立方米用30毫升福尔马林加15克高锰酸钾，在温度20~26℃、相对湿度60%~75%条件下，密闭熏蒸20~30分钟。

甲醛熏蒸消毒种蛋要注意以下几个问题。① 熏蒸时要将福尔马林加入到高锰酸钾中，而不能将高锰酸钾加入到福尔马林中，以避免飞溅的危险，器皿应采用瓷盆，而非塑料盆。② 熏蒸的温度不得高于26℃，这是由于会将迅速发育的胚胎致弱。③ 在孵化开始96小时内不能熏蒸。不能超过推荐的熏蒸时间，否则胚胎死亡率将上升，并且雏鸡质量将受损。④ 在"出汗"的种蛋不能熏蒸，必须待种蛋表面吹干后，才可熏蒸。

12. 孵化的条件有哪些?

（1）孵化室、出雏室、雏鸡处理室内环境的控制　① 正压通风，② 通风原则：均匀、有效、稳定，③ 室内要有温控设备，保证室内合理的温度、湿度。室内温、湿度应根据表1-1推荐的要求调节。

表1-1 孵化室、出雏室、雏鸡处理室的温度、湿度、通风要求

室	温度 /℃	相对湿度 /%	通风类型
孵化室	22	50	正压
出雏室	22	60	正压
雏鸡处理室	22	60	正压

（2）孵化温度 ① 孵化温度的合理设定与监控。

孵化温度设定：巷道式孵化机的孵化温度设定值主要以回流温度情况为依据，设定值一般为36.8~37.4℃，箱体孵化机恒温孵化温度设定值一般为37.7~38.0℃；出雏温度设定为36.5~37.2℃。

孵化温度监控：一般，巷道式孵化机，夏秋季节回流温度监控在37.7~37.9℃，冬季及早春寒冷季节37.8~38.1℃。在高温季节种蛋转盘前孵化机容易发生超温，一般要求转盘前应提前几个小时将设定温度作适当的下调。在冬季及早春寒冷季节，当种蛋转盘、入孵后视温度回升时间长短，应对设定温度作适当上调（0.2~0.3℃），一般要求种蛋转盘、入孵后回流温度应在3个小时内恢复正常。对箱体孵化机，夏秋季节孵化温度控制在37.7~37.9℃，冬季及早春寒冷季节37.8~38.0℃。

出雏期温度：夏秋季节监控在36.5~37.0℃，冬季及早春寒冷季节36.8~37.2℃。

每1小时巡查、记录一次孵化机、出雏机的门温和显示温度，对温度异常的机器应及时作有效的处理并上报，技术人员每天上班后和下班前对所有机器的温度情况作一次检查。孵化器的设定温度和显示温度一般要求每15天检测、校正一次并作记录，并建立好温度检测档案。

② 调温依据。

依孵化季节调温：目前国内的极大部分孵化厂还没有使用中央空调，冬、夏季的室温差距大，对孵化温度有较大的影响。且室温与机内温度的影响呈正相关变化，所以在冬季及早春寒冷季节，室温低，孵化温度应比常规温度提高0.1~0.2℃，而夏秋高温季节，室温较高，则孵化温度应比常规温度降低0.1~0.2℃。

依品种和蛋重调温：一般认为，禽蛋越重，其单位蛋重表面积就

越小,不利于受热和散热,因而前期温度应稍高,中后期降温幅度应稍大;不同品种的孵化温度也有差异,如竹丝鸡的孵化温度要比黄鸡类稍高,同一类而言,快大型品种的孵化温度比慢速型品种稍低。

依据胚胎发育情况调温:根据胚胎发育情况灵活调整用温,定期抽查孵化 5、10 和 17 胚龄的胚蛋发育情况,如发现孵化用温偏高或偏低,将孵化用温在原基础上降低或升高 0.1~0.2℃,出雏用温降低或升高 0.2℃,孵化效果能得到明显的改变。

依出雏情况调温:孵化用温应根据实际出雏情况,灵活调控。胚蛋的啄壳高峰是 19.5 天胚龄,出壳高峰是 20 天胚龄。啄壳、出雏高峰相对恒定,若出雏高峰提前或推迟,预示着用温可能偏高或偏低。

(3)孵化湿度 在孵化管理中对湿度的掌握"两头高中间低",孵化前期(1~7 天)胚胎在形成羊水和尿囊,湿度应高些,以60%~65% 为宜,中期(10~18 天)胚胎要排羊水和尿囊液,湿度应低些,以 50%~55% 为宜,啄壳、出雏期间(19~21 天)为防止雏鸡绒毛与蛋壳粘连,便于雏鸡啄壳出雏,湿度应高些,以 65%~70% 为宜。1~18 天种蛋的失水率以 11%~12% 为宜,18 日龄气室约占种蛋的 1/3,气室一端的斜角在种蛋的最宽处。

(4)通风 良好的通风是孵化厂最好的空气清洁剂,一般要求孵化室的空气中氧气含量为 21%、二氧化碳 0.3%~0.5%。室内空气从净区流向脏区,防止微生物的传播,各操作间应维持一定的压力。所有净区(孵化室、收蛋室、疫苗室、存蛋室等)保持正压;所有污染区(出雏室、鸡苗室、发苗室、洗涤室等)保持负压。一般而言,室内进风量大于排风量 10%,则可维持正压。

孵化厅各室最好采用单独通风系统,将废气排出室外,至少应以孵化室与出雏室为界,两单元各有一套单独通风系统。有条件的单位,可采用正压过滤通风系统,孵化厅进气口安装空气滤清器,以便把大部分粉尘挡在厅外,滤清器可使用无纺布和海绵。

(5)翻蛋 翻蛋主要是改变胚胎的位置,避免胚胎长期受一个方向的作用力,使胚胎受热均匀、正常发育。通过翻蛋促进羊膜处于定期运动状态,防止胚胎、蛋黄、蛋白与蛋壳之间的粘连,同时也促进尿囊正常合拢。鸡胚孵化期的翻蛋角度一般为 ±45°,每天翻蛋 8~12 次。

12

13. 孵化的程序有哪些？

（1）入孵　入孵前，首先制订入孵计划，种蛋数量和品种必须与孵化计划核对。在安排计划时，最好能将相同品种、日龄、栋舍、日期的种蛋入孵到同一个孵化箱内。入孵时间应根据客户进鸡时间以及种蛋日龄、大小决定。

孵化箱应在种蛋进箱之前一天开启，并根据要求检查和调整设备的各个系统。

种蛋入孵前，要先放在25℃左右的环境里静置4~9小时，小头向下。在炎热季节，预热室通风要好，以防止鸡蛋"出汗"。

入孵分分批入孵和整批入孵。分批入孵是采取分批交错上蛋并恒温孵化的一种孵化方式，以便"老蛋"与新蛋之间能互相调节温度，但不利于对孵化箱的彻底清洗消毒。整批入孵是采用一次性上蛋并依据胚龄的不同而变温孵化的一种方式，因此，它是较为遵循胚胎代谢规律的。整批入孵，一批蛋与一批蛋之间，孵化机完全是空的，便于彻底清洗和消毒，从而减少了交叉污染。

（2）照蛋　在整个孵化过程中，一般照蛋2~3次。头照在孵化的5~6天进行，主要检查出无精蛋；二照在入孵后的10~11天进行，主要查出中期死胚及检查胚胎是否按时"合拢"；三照在17天进行，检查是否"封门"，剔除死胚蛋，也有的三照与落盘同时进行。

仅亮蛋和发育的蛋之间能区别，当年轻母鸡群的亮蛋超过2%~3%和老母鸡超7%~8%时，亮蛋必须进行检查。

照蛋时应尽快进行，以防止种蛋冷却下来，照蛋后装满蛋盘，以保证在孵化箱中受热均匀。

（3）落盘　落盘尽可能晚，一般在孵化后18~19天，落盘时剔除无精蛋，应该用其他受精蛋装满出壳盘。

落盘时，必须检查每只出壳盘，不能使用破碎和有漏洞的出壳盘，否则雏鸡出了壳后从漏洞中钻出，掉到外面，造成不必要的损失，破碎的出壳盘放在下层，将可能导致上面的出壳盘倾翻而造成更大的损失。落盘以后，应在出壳箱中用熏蒸盘加入福尔马林：水（1：1）挥发消毒，每天调换福尔马林溶液，直到出雏结束。

（4）出雏　正常的孵化时间为 21 天加 6~12 小时，重要的是要知道不是所有的雏鸡同时出壳的，即使所有的种蛋来自同一批鸡，贮存相同的时间，出雏还是要持续约 24 小时，但必须避免雏鸡在出雏器内过分干燥。雏鸡全部出壳并且约有 95% 的雏绒毛已干燥时，就应立即从出雏器中取出，进一步的干燥应放在运雏箱中完成。雏鸡刚装进运雏箱中时，其腹松垂，绒毛尚未完全松散，站立不稳，故必须在运雏箱中放 4~5 个小时，使其活泼起来，以便按质分雏和雌雄鉴别。

从出雏器取出的雏鸡应放到温度为 23.9℃和相对湿度为 75% 的雏鸡处理室内，以免雏鸡挨冻和脱水。炎热地区，气温高时，应加强通风。

罗曼蛋鸡的雌雄鉴别，祖代雏鸡采用肛门鉴别、父母代种雏利用羽速鉴别，商品代雏鸡则采取羽色鉴别。

对雏鸡需要分级和选择，选择的雏鸡必须符合基本的质量要求，如无畸形、体重小于最低标准、未脱水、绒毛颜色符合本品种特征、站得稳、灵活健壮。

14. 种蛋孵化要重点关注哪几个关键时期？

（1）孵化早期（1~7 胚龄）　这个时期的管理重点是防止低温孵化。主要应做好如下五点。

① 种蛋入孵前预热。这既有利于鸡胚的苏醒、恢复活力，又可减少孵化器中温度下降幅度大，缩短升温时间。

② 入孵前种蛋再次熏蒸消毒，此时消毒应在蛋壳表面凝水干燥后进行。

③ 避免长时间的低温孵化，保证孵化温度正常。分批孵化一般要求 3 个小时内孵化温度要恢复正常。巷道式孵化机入孵后或落盘后，根据温度回升情况，一般将设定温度上调 0.2~0.3℃。

④ 确保翻蛋系统能正常运转，本阶段如果翻蛋不足，胚胎死亡率将会大幅度增加。

⑤ 要避免长时间停电。

（2）出雏期（18~21 胚龄）　这个时期要重点做好通风换气，防止缺氧和高温高湿孵化。主要做好如下九点。

① 杜绝胚蛋落盘当天高湿度孵化。胚蛋落盘时应保证出雏机、

出雏盘绝对干燥。

②啄壳、出雏时提高湿度，同时降低温度。一方面是防止啄破蛋壳后蛋内水分蒸发过快，不利破壳出雏；另一方面可防止雏鸡脱水，特别是出雏持续时间长时，提高湿度更重要。提高湿度的同时应降低出雏器的孵化温度，避免同时高温高湿。此阶段，出雏器温度一般不应超过37.2℃，出雏期间相对湿度70%~75%。

③ 创造良好的孵化环境。搞好夏季的防暑降温和冬季的保暖与通风换气。

④ 保证正常供电。此时即使短时间停电，对孵化效果的影响大。

⑤ 观察窗的遮光。雏鸡有趋光性，已出壳的雏鸡将拥挤到光线较亮的出雏盘前部，不利于其他胚蛋出壳。

⑥ 出雏阶段的消毒方法有：每3小时使用60毫升的福尔马林洒在小盘上，放入出雏器底部让其缓慢蒸发或采用吊滴方式消毒，每天3~4次；也可以一次性按每立方米空间20~30毫升的福尔马林倒在小盘上，放入出雏器底部让其缓慢蒸发。

⑦ 防止雏鸡脱水。雏鸡脱水将严重影响以后的生产性能，而且不可逆，所以雏鸡不要长时间呆在出雏器里和放在鸡苗室里。应尽早将出壳的雏鸡送至育雏室或发放给养殖场（户）。

⑧ 掌握看胎施温技术。根据落盘时的胚胎发育情况来确定出雏期的孵化温度、湿度。

⑨ 经常分析孵化效果，不断总结经验，提高孵化技术水平和操作技能。

（3）出雏后至发苗前期　要重点防感染、防脱水、防寒、防暑。

① 根据出苗情况合理安排捉苗时间，严禁雏鸡长时间停留在出雏机里。

② 确保雏鸡在适宜的环境下存放。鸡苗室温度以26~28℃为宜，相对湿度为60%~70%，室内每小时空气流量为200米³。栋与栋之间要有一定空隙，最好低层放一空箱，使之通风透气。夏季要求采用"+"字形叠放，以利于通风散热。此阶段必须严禁雏鸡闷热或受凉，确保鸡苗安全。

③ 装箱数量合理。如夏季对个体较大的品种每箱装80羽鸡苗为

宜，竹丝鸡、土鸡类等个体较小的品种每箱装 100 羽鸡苗为宜。

④ 规范马立克氏病疫苗管理和使用。做好马立克疫苗和注射器的保管、使用和跟踪监督，杜绝管理、操作上的失误。

⑤ 推行鸡苗 1 日龄注射抗生素的控制措施。初产苗和前期死亡率偏高的品种，必须坚持鸡苗 1 日龄注射抗生素。同时，鉴于当前种鸡群白痢阳性率普遍处于较高水平，建议所有品种种鸡各个生产周期所产的鸡苗应尽量推行这一措施，以有效提高鸡苗质量，并定期进行药敏试验筛选敏感药物，轮换用药。

⑥ 加强鸡苗质检的监督与鸡苗质量的跟踪。做好鸡苗挑选工作，保证所发放的鸡苗是健康的。鸡苗质量要求：精神良好，反应灵敏，脐部收缩、愈合良好，无残疾、畸形，体重符合本品种要求等。做好鸡苗售后的质量跟踪和反馈意见的收集，不断持续改进。

15. 影响种蛋孵化率的因素有哪些？

孵化期胚胎死亡并非平均分布，存在两个死亡高峰：鸡胚在孵化的第 4~6 天和第 17~19 天。这主要与胚胎发育的生理变化有关，这两个阶段对种蛋内部的品质和环境条件特别敏感。造成孵化率低的原因见表 1-2。

表 1-2　孵化率低的常见原因

问题	可能引起的原因
无精蛋	不准确的配种，老公鸡，不恰当的公母比例，陈蛋，种鸡的营养物质缺乏，公鸡体重过重，疾病
早期胚胎死亡	不适当的鸡蛋处理和熏蒸，维生素缺乏，种鸡的疾病，错误的孵化温度，翻蛋次数太少
晚期胚胎死亡	不适当的孵化温度，通风不足，翻蛋次数太少，营养物质缺乏，种鸡群的疾病
壳内死亡	不适当的孵化温度，温度太低，翻蛋次数太少，短时间的过热

问题	可能引起的原因
出壳太早	温度太高
出壳太迟	温度太低，陈蛋
出壳不均匀	不均匀的热分布，新鲜和陈蛋相混
残次鸡；脐炎	温度太高，湿度太低
发育迟缓鸡及绒毛短，松软，苍白，绒毛干燥粘着蛋壳碎片	温度太高，湿度太低，翻蛋次数太少
大而软的鸡及蛋内容物覆盖，湿而黏的绒毛，脐紧闭	温度太低，湿度太高

第二章 蛋鸡的营养与日粮

1. 蛋鸡常用的能量饲料有哪些？

能量饲料指饲料干物质中粗纤维低于18%，粗蛋白质低于20%的谷实类饲料。包括玉米、大麦、高粱、燕麦等谷类籽实以及加工副产品等，主要含有淀粉和糖类，蛋白质和必需氨基酸含量不足，粗蛋白质含量一般8%~14%，特别是赖氨酸、蛋氨酸和色氨酸含量少。钙的含量一般低于0.1%，磷可达0.314%~0.45%，缺维生素A和维生素D，在日粮配合时，注意与优质蛋白质饲料搭配使用。

2. 玉米有哪些营养特点？

① 含可利用能值高，无氮浸出物高达74%~80%，粗纤维仅有2%，消化率90%以上，代谢能14.05兆焦/千克（鸡）。

② 不饱和脂肪酸含量较高（3.5%~4.5%），是小麦、大麦的2倍，玉米的亚油酸含量高达2%，为谷类饲料之首。一般禽日粮要求亚油酸量为1%，如日粮玉米用量超过50%，即可达到需求量。由于含脂肪高，粉碎后的玉米易酸败变质，不宜久藏，最好以整颗储存，并要求含水量不得超过14%。

③ 蛋白质含量低，品质差。玉米含粗蛋白质为7.0%~9.0%，赖氨酸、色氨酸、蛋氨酸、胱氨酸较缺。在日粮配合时，注意与优质蛋白质饲料搭配使用。对于无鱼粉日粮需增加赖氨酸或蛋氨酸用量，提高预混料中烟酸的用量，以提高色氨酸的有效利用率。

④ 黄玉米中的胡萝卜素丰富，维生素B_1和维生素E亦较多，维生素D、维生素B_2、泛酸、烟酸等较少。每千克玉米含1毫克左右的β–胡萝卜素及22毫克叶黄素，这是麸皮及稻米等所不能比的。

这种黄玉米提供的色素可加深蛋黄颜色，对肉鸡皮肤、脚趾及喙的着色起作用。

⑤玉米中矿物质含量低，含钙少，仅 0.02% 左右，含磷约 0.25%（表 2-1），其中植酸磷占 50%~60%，铁、铜、锰、锌、硒等微量元素的含量也低。

⑥玉米可占混合料的 45%~70%。

表 2-1　玉米的养分含量

养分	期待值（%）	范围（%）	平均值（%）
干物质	87.0		86.0
粗蛋白	8.8	8.0~9.5	9.4 ± 1.2
粗脂肪（EE）	4.0	4.0~5.0	3.9 ± 0.7
粗纤维（CF）	2.0	2.0~4.0	2.0 ± 0.2
无氮浸出物（NFE）	—	—	69.3 ± 1.9
灰分（Ash）	1.0	1.2~2.0	1.3 ± 0.2
钙	0.02	0.01~0.05	—
磷	0.25	0.20~0.55	—

3. 小麦麸皮有什么营养特点？

①蛋白质含量高，但品质较差（表 2-2）。

②维生素含量丰富，特别是富含 B 族维生素和维生素 E，但烟酸利用率仅为 35%。

③矿物质含量丰富，特别是微量元素铁、锰、锌较高，但缺乏钙，磷含量高。含有适量的粗纤维和硫酸盐类，有轻泻作用，可防便秘。

④可作为添加剂预混料的载体、稀释剂、吸附剂和发酵饲料的载体，可占混合料的 5%~30%。

表2-2　小麦麸的营养成分含量　（%）

成分	干物质	粗蛋白	粗脂肪	粗纤维	无氮浸出物	粗灰分	消化能（兆焦/千克）	代谢能（兆焦/千克）
含量	87.0	15.0±2.3	3.7±1.0	9.5±2.2	-	4.9±0.6	9.38±1.34	6.8±0.96

4. 高粱有什么营养特点？

高粱的粗脂肪含量高（3.4%左右），亚油酸约1.13%，蛋白质9%左右（表2-3）。氨基酸组成的特点和玉米一样，也缺少赖氨酸、蛋氨酸、色氨酸和异亮氨酸。矿物质含量低，钙少磷多。高粱中维生素D和胡萝卜素较缺，B族维生素与玉米相近，烟酸略高些。因高粱的种皮中含较多的单宁，口味较涩，饲喂过多会使鸡便秘，可占混合料的10%左右。

表2-3　高粱的养分含量　（%）

养分	期待值	范围
水分	12.0	10.0~15.0
粗蛋白	9.0	7.0~12.0
粗脂肪	3.0	2.5~3.8
粗纤维	2.5	1.7~3.0
灰分	1.5	1.2~1.8
钙	0.03	0.03~0.05
磷	0.30	0.25~0.40
代谢能（鸡）（兆焦/千克）	12.31±1.01	—

5. 小麦有什么营养特点？

小麦代谢能值仅次于玉米、糙米和高粱，略高于大麦和燕麦，为12.96兆焦/千克，蛋白质含量高于玉米、糙米、碎米、高粱等谷类饲料，12.1%~14.0%，氨基酸组成中苏氨酸和赖氨酸不足。小麦含B族维生素和维生素E多，而维生素A、维生素D、维生素C极少，小麦的亚油酸含量一般为0.8%。在矿物质微量元素中，锰、锌含量较高，但钙、铜、硒等元素含量较低（表2-4）。

表 2-4　小麦的养分含量

养分	实测值（%）
干物质	87.0
粗蛋白	13.9 ± 1.5
粗脂肪（EE）	1.7 ± 0.5
粗纤维（CF）	1.9 ± 0.5
粗灰分	1.9 ± 0.3
钙	0.17 ± 0.07
磷	0.41 ± 0.07
消化能（猪）（兆焦/千克）	14.36 ± 0.33
代谢能（鸡）（兆焦/千克）	12.72 ± 0.50

6. 米糠有什么营养特点?

由于加工米糠的原料和所采用的加工技术不同，米糠的组成成分并不完全一样。一般说，米糠含蛋白质 12%~14%，脂肪 16%~22%，糖 3%~8%，水分 10%，热量 125.1 千焦/克（表 2-5），常作为辅料，在鸡饲料中不宜超过 8%。在蛋鸡日粮中加入适量 $ZnCO_3$，可适量提高日粮中米糠的使用量。

表 2-5　米糠和脱脂米糠的营养成分　　　　　　　　（%）

成分	米糠		脱脂米糠	
	期待值	范围	期待值	范围
水分	10.5	10.0~13.5	11.0	10.0~12.5
粗蛋白	12.5	10.5~13.5	14.0	13.5~15.5
粗脂肪	14.0	10.0~15.0	1.0	0.4~1.4
粗纤维	11.0	10.5~14.5	14.0	12.0~14.0
粗灰分	12.0	10.5~14.5	16.0	14.5~16.5
钙	0.10	0.05~0.15	0.1	0.1~0.2
磷	1.60	1.00~1.80	1.4	1.1~1.6

7. 蛋鸡常用植物蛋白饲料有哪些?

蛋白饲料是指饲料干物质中粗纤维含量低于 18%、粗蛋白含量在 20% 以上的豆类、饼粕类饲料等。根据来源不同,蛋白质饲料可分为植物性和动物性蛋白质饲料等。

植物性蛋白质饲料的共同特点是粗蛋白质含量高,一般可达 30%~50%。主要包括豆类籽实以及油料作物籽实加工副产品。

(1)大豆饼(粕) 蛋白质 40%~50%,粗纤维 5% 左右,钙 3.6%、磷 5.6%,是蛋鸡良好的蛋白质饲料。豆粕(表 2-6)中所含有的氨基酸足以平衡蛋鸡的营养。但要注意大豆饼中含有抗胰蛋白酶、血球凝集素、皂角苷和脲酶,生榨豆饼不宜直接饲用。

表 2-6　豆饼(粕)的常规成分含量　　　　　　(%)

成分	豆饼	豆粕	脱皮大豆粕
水分	10.0	10.5	10.0
粗蛋白	42.0	45.5	49.0
粗脂肪	4.0	0.5	0.5
粗纤维	6.0	6.5	3.0
粗灰分	6.0	6.0	6.0
钙	0.25	0.25	0.20
磷	0.60	0.60	0.60

(2)花生饼(粕) 花生粕饲用价值仅次于豆粕(饼),蛋白质含量高,可利用能含量也较高(表 2-7),但花生粕蛋白质中赖氨酸和蛋氨酸的含量较低,分别为 1.35% 和 0.39%,精氨酸和甘氨酸含量却分别为 5.16% 和 2.15%。因此在使用时宜与含精氨酸低的饲料如菜籽粕、鱼粉等搭配使用,同时,还必须补充维生素 B_{12} 和钙。花生饼粕的粗纤维、粗脂肪较高,易发生酸败。

表 2-7 花生饼（粕）的营养成分 （%）

成分	花生饼		花生粕		带壳花
	期待值	范围	期待值	范围	生粕
水分	9.0	8.5~11.0	9.0	8.5~11.0	11.4
粗蛋白	45.0	41.0~47.0	47.0	42.5~48.0	29.33
粗脂肪	5.0	4.0~7.0	1.0	0.5~2.0	9.89
粗纤维	4.2	—			27.9
粗灰分	5.5	4.0~6.5	5.5	5.5~7.0	6.3
钙	0.20	0.15~0.30	0.20	0.15~0.30	0.26
磷	0.5	0.45~0.65	0.60	0.45~0.65	0.29

（3）棉籽饼（粕） 营养价值相差较大，主要原因是棉籽脱壳程度及制油方法的差异（表2-8）。完全脱壳的棉仁制成的棉仁饼（粕），粗蛋白质可达50%；而不脱壳的棉籽直接榨油生产出的棉籽饼粗纤维含量达16%~20%，粗蛋白质仅20%~30%。棉籽饼（粕）蛋白质组成不平衡，精氨酸含量高（3.6%~3.8%），赖氨酸含量（低）1.3%~1.5%，蛋氨酸也不足，约0.4%。赖氨酸是棉籽饼（粕）的第一限制性氨基酸。棉籽饼粕中含有棉酚，鸡过量摄取或摄取时间较长，可导致生长迟缓、繁殖性能及生产性能下降，甚至导致死亡。

表 2-8 棉籽饼（粕）的营养成分 （%）

营养成分	土榨饼	螺旋压榨饼	浸出粕
粗蛋白质	20~30	32~38	38~41
粗脂肪	5~7	3~5	1~3
粗纤维	16~20	10~14	10~14
粗灰分	6~8	5~6	5~6
代谢能（兆焦/千克）	< 7	8.2	7.9

（4）菜籽饼（粕） 菜籽粕的蛋白质含量为36%左右，蛋氨酸含量较高，与大豆饼（粕）配合使用可以提高日粮中蛋氨酸含量；精氨酸含量较低；与棉籽粕配合可改善赖氨酸与精氨酸的比例。由于其粗纤维含量较高，可利用能量较低（表2-9），适口性差，不宜作为蛋

鸡唯一的蛋白质饲料。

表2-9　菜籽饼粕常规成分　　　　　　　　（%）

种类	干物质	粗蛋白	粗纤维	粗脂肪	粗灰分	消化能（兆焦/千克）	代谢能（兆焦/千克）	钙	磷
菜籽饼	88.0	34.3	11.6	9.3	7.7	2.88	1.95	0.64	1.02
菜籽粕	88.0	38.0	12.1	1.7	7.9	2.43	1.77	0.75	1.13

8. 蛋鸡常用动物性蛋白质饲料有哪些？

蛋鸡常用动物性蛋白质饲料主要包括牛奶、奶制品、鱼粉、蚕蛹、蚯蚓等。

（1）主要特点

① 粗蛋白质含量高、品质好，必需氨基酸齐全，特别是赖氨酸和色氨酸含量丰富。

② 含碳水化合物少，几乎不含粗纤维，因而鸡的消化率高。

③ 矿物质中钙磷含量较多，比例恰当，鸡能充分利用，另外微量元素含量也很丰富。

④ B族维生素含量丰富，特别是维生素 B_6 含量高，还含有一定量脂溶性维生素，如维生素 D、维生素 A 等。

⑤ 动物性蛋白质饲料还含有一定的未知生长因素，它能提高鸡对营养物质的利用率，促进鸡的生长和产蛋。

（2）鱼粉　生物学价值较高，是一种含蛋白质高、优质的动物蛋白质（表2-10），可占混合料的5%~10%。

表2-10　　鱼粉养分含量　　　　　　　　（%）

	干物质	粗蛋白	粗脂肪	粗灰分	钙	磷
国产鱼粉	88	45~55	5~12	6~25	1.0~5.0	1.0~3.0
进口鱼粉	89	60~67	7~10	5~15	3.9~4.5	2.5~4.5

9. 蛋鸡常用矿物质饲料主要有哪些类型?

通常分为常量元素和微量元素两大类。常量元素系指在动物体内的含量占到体重的 0.01% 以上的元素,包括钙、磷、钠、氯、钾、镁、硫等;微量元素系指含量占动物体重 0.01% 以下的元素,包括钴、铜、碘、铁、锰、钼、硒和锌等(表 2–11)。饲养实践中,通常常量元素可自行配制,而微量元素需要量微小,且种类较多,需要一定的比例配合以及特定机械搅拌,因而建议通过市售商品预混料提供。

表 2–11　产蛋鸡对常量矿物质元素(%)和微量矿物质
元素(毫克/千克)最低需要量

元素	钙	磷	钠	氯	钾	镁	硫	铁	锰	锌	铜	硒	碘	钴	钼
蛋鸡	3.5	0.6	0.15	0.2	0.5	0.05	0.1	40	60	40	5	0.2	0.3	0.05	0.1

10. 蛋鸡饲料中需添加的常量矿物质饲料有哪些?

(1)食盐　配合饲料中用量一般为 0.25%~0.5%,食盐不足可引起食欲下降,采食量降低,生产性能下降,并导致异嗜癖。采食过量,饮水不足时,可能出现食盐中毒,若雏鸡料中含盐量达 0.9% 以上则会出现生长受阻,严重时会出现死亡现象。因此,使用含盐量高的鱼粉、酱渣等饲料时应特别注意。

(2)含钙饲料　石粉为天然的碳酸钙,含钙 35% 以上。同时还含有少量的磷、镁、锰等。一般来说,碳酸钙颗粒越细,吸收率越好。用于蛋鸡产蛋期以粗粒为好,产蛋鸡料用量在 9% 左右;贝壳粉主要成分为碳酸钙,一般含碳酸钙 96.4%,折合含钙量 36%。贝壳粉用于蛋鸡、种鸡饲料中,可增强蛋壳强度。贝壳粉价格一般比石粉贵 1~2 倍,所以饲料成本会因之上升,特别是产蛋鸡、种鸡料需钙含量高,用贝壳粉会比石粉明显增加成本。优质蛋壳粉含钙可达 34% 以上,还含有粗蛋白质 7%、磷 0.09%。蛋壳粉用于蛋鸡、种鸡饲料中，可增加蛋壳硬度，其效果优于使用石粉。有资料报道，蛋壳粉生物利用率甚佳，是理想的钙源之一。

（3）含磷饲料 磷酸二氢钠含磷在26%以上，含钠19%，重金属以pb计不应超过20毫克/千克。生物利用率高，既含磷又含钠，适用于所有饲料。

（4）钙磷平衡饲料 骨粉是以家畜（多为猪、牛、羊）骨骼为原料，经蒸汽高压灭菌后干燥粉碎而制成的产品，按其加工方法不同，可分为蒸制骨粉、脱胶骨粉和焙烧骨粉。骨粉含钙24%~30%，含磷10%~15%，蛋白质10%~13%。由于原料质量变异较大，骨粉质量也不稳定。在鸡的配合饲料中的使用量为1%~3%。

磷酸氢钙（磷酸二钙），含钙量不低于23%，含磷量不低于18%。是优质的钙、磷补充料，鸡饲料1.2%~2.0%。

磷酸钙（磷酸三钙）含钙38.69%、磷19.97%。其生物利用率不如磷酸氢钙，但也是重要的补钙剂之一。

磷酸二氢钙（磷酸一钙）为白色结晶粉末，含钙量不低于15%，含磷不低于22%。其水溶性、生物利用率均优于磷酸氢钙，是优质钙、磷补充剂，利用率优于其他磷源。

钙、磷及其二者之间的平衡，是蛋鸡日粮配合中最重要的部分（表2-12）。蒸汽灭菌后的骨粉一般含钙24%~30%、磷10%~15%，比例平衡，利用率高，是蛋鸡最佳的钙、磷补充料，一般可占混合料的1%~2.5%。贝壳粉主要补充钙质的不足，可占混合料的1%~7%，产蛋母鸡宜多用，其他鸡宜少用。磷酸氢钙等，也是优质的钙、磷补充剂。

表2-12 鸡对钙、磷的需要量 （%）

	雏鸡（0~8周）	生长鸡（8~20周）	产蛋鸡	种鸡
钙	0.8	0.7	3.5	3.4
总磷	0.7	0.6	0.6	0.6
有效磷	0.4	0.35	0.33	0.33

11. 青绿饲料在蛋鸡混合料中占多大比例?

各种新鲜的青绿蔬菜用量可占混合料的 20%~30%。树叶类饲料如洋槐、紫穗槐等绿树叶,一般可占混合料的 10%~15%。尤其是紫花苜蓿,是各类畜禽的上等饲草,不仅营养丰富,且适口性好。其营养成分列于表 2-13。

表 2-13　紫花苜蓿不同生长时期的营养成分　　（%、以干草计）

生长期	干物质	粗蛋白质	粗脂肪	粗纤维	无氮浸出物	粗灰分
苗期	18.8	26.1	4.5	17.2	42.2	10.0
现蕾期	19.9	22.1	3.5	23.6	41.2	9.6
初花期	22.5	20.5	3.1	25.8	41.5	9.3
盛花期	25.3	18.2	3.6	28.5	41.5	8.2
结实期	29.3	12.3	2.4	40.6	37.2	7.5

12. 怎样正确使用维生素饲料添加剂?

作为饲料添加剂的维生素主要有:维生素 D_3、维生素 A、维生素 E、维生素 K_3、硫胺素、核黄素、维生素 B_{12}、氯化胆碱、尼克酸、泛酸钙、叶酸、生物素等（表 2-14）。维生素饲料应随用随买,随配随用,不宜与氯化胆碱以及微量元素等混合贮存,也不宜长期贮存。

表 2-14　商品维生素推荐量　（Lesson 和 Summers,1997）

维生素（每千克日粮）	肉雏鸡		产蛋鸡	
	NRC	商品推荐量	NRC	商品推荐量
A（IU）	1 500	6 500	3 000	7 500
D_3（IU）	200	3 000	300	2 500
E（IU）	10	30	5	25
K（毫克）	0.5	2.0	0.5	2.0
硫胺素（毫克）	1.8	4.0	0.7	2.0

（续表）

维生素（每千克日粮）	肉雏鸡		产蛋鸡	
	NRC	商品推荐量	NRC	商品推荐量
核黄素（毫克）	3.6	5.5	2.5	4.5
烟酸（毫克）	35	40	10	40
泛酸（毫克）	10	14	2	10
吡哆醇（毫克）	3.5	4.0	2.5	3.0
叶酸（毫克）	0.55	1.0	0.25	0.75
生物素（微克）	150	200	100	150
维生素 B$_{12}$（微克）	10	13	4	10
胆碱（毫克）	1 300	800	1 050	1 200

13. 饲料添加剂主要有哪些？

（1）营养性添加剂　包括微量元素、维生素和氨基酸等。这类添加剂的作用是增加日粮营养成分，使其达到营养平衡和全价性。

①微量元素。日粮中一般添加的微量元素有铁、锌、铜、硒、锰、碘、钴。最常用的化合物有硫酸亚铁、硫酸铜、氯化锌、硫酸锌、硫酸锰、氧化锰、亚硒酸钠、碘化钾等。

②维生素。亦即维生素饲料，根据日粮营养需要，依据蛋鸡生长发育与生产需要添加一定数量的维生素，其种类如前所述。

③氨基酸。主要用于日粮中不足的必需氨基酸，以提高蛋白质的利用效率。

（2）非营养性添加剂　这一类添加剂虽然本身不具备营养作用，但可以延长饲料保质期、具有驱虫保健功能或改善饲料的适口性、提高采食量等功效。包括抗氧化剂、促生长剂（如酵母等）、驱虫保健剂、防霉剂以及调味剂、香味剂等。在应用过程中，须考虑符合无公害食品生产的饲料添加剂使用准则。最好应用生物制剂，或无残留污染、无毒副作用的绿色饲料添加剂。国家允许使用的饲料添加剂品种见表2-15。

表 2-15　国家允许使用的饲料添加剂品种目录

类别	饲料添加剂名称
饲料级氨基酸 7 种	L- 赖氨酸盐酸盐；DL- 羟基蛋氨酸；DL- 羟基蛋氨酸钙；N- 羟甲基蛋氨酸；L- 色氨酸；L- 苏氨酸
饲料级维生素 26 种	β- 胡萝卜素；维生素 A；维生素 A 乙酸酯；维生素 A 棕榈酸酯；维生素 D_3；维生素 E；维生素 E 乙酸酯；维生素 K_3（亚硫酸氢钠甲萘醌）；二甲基嘧啶醇亚硫酸甲萘醌；维生素 B_1（盐酸硫胺）；维生素 B_1（硝酸硫胺）；维生素 B_2（核黄素）；维生素 B_6；烟酸；烟酰胺；D- 泛酸钙；DL- 泛酸钙；叶酸；维生素 B_{12}（氰钴胺）；维生素 C（L- 抗坏血酸）；L- 抗坏血酸钙；L- 抗坏血酸 -2- 磷酸酯；D- 生物素；氯化胆碱；L- 肉碱盐酸盐；肌醇
饲料级矿物质、微量元素 43 种	硫酸钠；氯化钠；磷酸二氢钠；磷酸氢二钠；磷酸二氢钾；磷酸氢二钾；碳酸钙；氯化钙；磷酸氢钙；磷酸二氢钙；磷酸三钙；乳酸钙；七水硫酸镁；一水硫酸镁；氧化镁；氯化镁；七水硫酸亚铁；一水硫酸亚铁；三水乳酸亚铁；六水柠檬酸亚铁；富马酸亚铁；甘氨酸铁；蛋氨酸铁；五水硫酸铜；一水硫酸铜；蛋氨酸铜；七水硫酸锌；一水硫酸锌；无水硫酸锌；氯化锌；蛋氨酸锌；一水硫酸锰；氯化锰；碘化钾；碘酸钾；碘酸钙；六水氯化钴；一水氯化钴；亚硒酸钠；酵母铜；酵母铁；酵母锰；酵母硒
饲料级酶制剂 12 类	蛋白酶（黑曲霉，枯草芽孢杆菌）；淀粉酶（地衣芽孢杆菌，黑曲霉）；支链淀粉酶（嗜酸乳杆菌）；果胶酶（黑曲霉）；脂肪酶；纤维素酶（木霉）；麦芽糖酶（枯草芽孢杆菌）；木聚糖酶；β- 葡聚糖酶；甘露聚糖酶；植酸酶（黑曲霉，米曲霉）；葡萄糖氧化酶（青霉）
饲料级微生物添加剂 12 种	干酪乳杆菌；植物乳杆菌；粪链球菌；屎链球菌；乳酸片球菌；枯草芽孢杆菌；纳豆芽孢杆菌；嗜酸乳杆菌；乳链球菌；啤酒酵母菌；产朊假丝酵母；沼泽红假单胞菌
饲料级非蛋白氮 9 种	尿素；硫酸铵；液氨；磷酸氢二铵；磷酸二氢铵；缩二脲；异丁叉二脲；磷酸脲；羟甲基脲
抗氧剂 4 种	乙氧基喹啉；二丁基羟基甲苯（BHT）；食子酸丙酯；丁基羟基茴香醚（BHA）

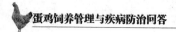

（续表）

类别	饲料添加剂名称
防腐剂、电解质平衡剂 25 种	甲酸；甲酸钙；甲酸铵；乙酸；双乙酸钠；丙酸；丙酸钙；丙酸钠；丙酸铵；丁酸；乳酸；苯甲酸；苯甲酸钠；山梨酸；山梨酸钠；山梨酸钾；富马酸；柠檬酸；酒石酸；苹果酸；磷酸；氢氧化钠；碳酸氢钠；氯化钾；氢氧化铵
着色剂 6 种	β-阿朴-8-胡萝卜素醛；辣椒红；β-阿朴-8-胡萝卜素酸乙酯；虾青素；β，β-胡萝卜素 4，4-二酮（斑蝥黄）；叶黄素（万寿菊花提取物）
调味剂、香料 6 种（类）	糖精钠；谷氨酸钠；5-肌苷酸二钠；5-鸟苷酸二钠；血根碱；食品用香料均可作饲料添加剂
黏结剂、抗结块剂和稳定剂 13 种（类）	α-淀粉；海藻酸钠；羧甲基纤维素钠；丙二醇；二氧化硅；硅酸钙；三氧化二铝；蔗糖脂肪酸酯；山梨醇酐脂肪酸酯；甘油脂肪酸酯；硬脂酸钙；聚氧乙烯 20 山梨醇酐单油酸酯；聚丙烯酸树脂 II
其他 10 种	糖萜素；甘露低聚糖；肠膜蛋白素；果寡糖；乙酰氧肟酸；天然类固醇萨洒皂角苷（YUCCA）；大蒜素；甜菜碱；聚乙烯聚吡咯烷酮（PVPP）；葡萄糖山梨醇

14. 蛋鸡的饲养标准是什么？

饲养标准是动物营养学家通过长期的饲养研究，根据其不同生长阶段，科学地规定出每只鸡应当喂给的能量及各种营养物质的数量和比例，这种按蛋鸡的不同情况规定的营养指标，就称为饲养标准（表2-16）。饲养标准是以鸡在生长发育、繁殖、生产等生理活动中每天对能量、蛋白质、维生素和矿物质等营养物质的需要量制定的。

目前，鸡的营养标准有多种，在具体应用过程中受到如鸡的品种、饲料来源（产地）、饲料加工调制、饲料分析方法、环境气候条件及饲养方式等许多因素的影响。有了饲养标准，可以避免实际饲养中的盲目性，对饲粮中的各种营养物质能否满足鸡的需要，与需要量相比有多大差距，可以做到胸中有数，不至于因饲粮营养指标偏离鸡的需要量或比例不当而降低鸡的生产水平，蛋鸡养殖要重点考虑蛋白质、能量、矿物质、维生素、食盐以及钙和磷的营养需要，以最大限度地促进鸡的生长、产蛋。

表2-16 生长蛋鸡饲养标准（NY/T 33-2004）

营养指标	单位	0~8周龄	9~18周龄	19至开产
代谢能	兆焦/千克（兆卡/千克）	11.91（2.85）	11.70（2.80）	11.50（2.57）
粗蛋白	%	19.0	15.1	17.0
蛋白能量比	克/兆焦（克/兆卡）	15.95（66.67）	13.25（55.30）	14.78（61.82）
赖氨酸能量比	克/兆焦（克/兆卡）	0.84（3.51）	0.58（2.43）	0.61（2.55）
赖氨酸	%	1.00	0.68	0.70
蛋氨酸	%	0.37	0.27	0.34
蛋氨酸+胱氨酸	%	0.74	0.55	0.64
苏氨酸	%	0.66	0.55	0.62
色氨酸	%	0.20	0.18	0.19
精氨酸	%	1.18	0.98	1.02
亮氨酸	%	1.27	1.01	1.07
异亮氨酸	%	0.71	0.59	0.60
苯丙氨酸	%	0.64	0.53	0.54
苯丙氨酸+酪氨酸	%	1.18	0.98	1.00
缬氨酸	%	0.37	0.60	0.62
甘氨酸+丝氨酸	%	0.82	0.68	0.71
钙	%	0.90	0.80	2.00
总磷	%	0.70	0.60	0.55
非植酸磷	%	0.40	0.35	0.32
钠	%	0.15	0.15	0.15
氯	%	0.15	0.15	0.15
铁	毫克/千克	80	60	60
铜	毫克/千克	8	6	8
锌	毫克/千克	60	40	80
锰	毫克/千克	60	40	60
碘	毫克/千克	0.35	0.35	0.35

（续表）

营养指标	单位	0~8周龄	9~18周龄	19至开产
硒	毫克/千克	0.30	0.30	0.30
亚油酸	%	1	1	1
维生素A	单位/千克	4 000	4 000	4 000
维生素D	单位/千克	800	800	800
维生素E	单位/千克	10	8	8
维生素K	毫克/千克	0.5	0.5	0.5
硫胺素	毫克/千克	1.8	1.3	1.3
核黄素	毫克/千克	3.6	1.8	2.2
泛酸	毫克/千克	10	10	10
烟酸	毫克/千克	30	11	11
吡哆醇	毫克/千克	3	3	3
生物素	毫克/千克	0.15	0.10	0.10
叶酸	毫克/千克	0.55	0.25	0.25
维生素	毫克/千克	0.010	0.003	0.004
胆碱	毫克/千克	1 300	900	500

注：根据中型体重鸡制定，轻型鸡可减少10%；开产日龄按5%产蛋率计算

15. 蛋鸡不同阶段对营养的需求有什么不同？

一般情况下0~6周龄选择育雏料（蛋小鸡料），7~15周龄选择育成料（蛋中鸡料），16周至鸡群5%开产期间选择预产期料（开产前期料），鸡群达到5%~85%产蛋率时选择产蛋高峰料，产蛋高峰过后选择高峰后期料（表2-17）。

表2-17　蛋鸡不同阶段日粮营养需求　（%）

阶段	代谢能（千卡/千克）	粗蛋白	蛋氨酸	赖氨酸	有效磷	钙
0~2周龄	11.91~12.12	19.5	0.48	1.1	0.48	1
3~6周龄	11.50~11.70	19	0.45	1.0	0.45	1
7~8周龄	11.50~11.70	16	0.4	0.9	0.44	1

（续表）

阶段	代谢能（千卡 / 千克）	粗蛋白	蛋氨酸	赖氨酸	有效磷	钙
9~15 周龄	11.50~11.70	15.5	0.35	0.7	0.37	1
16 周龄至 5% 开产	11.29~11.50	16	0.42	0.85	0.45	2.25
5% 开产至 32 周龄	11.08~11.29	16.5	0.4	0.8	0.4	3.75
33~45 周龄	11.29~11.50	16	0.37	0.75	0.36	3.8
46~55 周龄	11.50~11.70	15.5	0.32	0.7	0.33	3.85
56 周龄至淘汰	11.50~11.70	15	0.29	0.65	0.3	3.9

（1）蛋雏鸡 蛋鸡 0~6 周龄为育雏期。此阶段由于雏鸡消化系统发育不健全，采食量较小，消化力低。营养需求上要求比较高，需要高能量、高蛋白、低纤维含量的优质饲料，并要补充较高水平的矿物质和维生素。设计配方时可使用玉米、鱼粉、豆粕等优质原料（表 2-18、表 2-19）。

表 2-18 产蛋鸡后备母鸡日粮的营养规格 （%）

	育雏期（0~8 周）	生长期（8~15 周）	产蛋前期（15~17 周）
蛋白水平	18	15	17
氨基酸			
精氨酸	1.05	0.80	0.80
赖氨酸	0.93	0.72	0.70
蛋氨酸	0.45	0.34	0.40
蛋 + 胱氨酸	0.75	0.60	0.70
色氨酸	0.19	0.16	0.17
组氨酸	0.33	0.28	0.30
亮氨酸	1.16	0.95	1.00
异亮氨酸	0.62	0.51	0.55
苯丙氨酸	0.58	0.48	0.51
苯丙 + 酪氨酸	1.13	0.93	1.00
苏氨酸	0.6	0.52	0.50

（续表）

	育雏期 （0~8 周）	生长期 （8~15 周）	产蛋前期 （15~17 周）
缬氨酸	0.69	0.67	0.67
营养水平			
代谢能（千卡/千克）	2 950	2 850	2 850
钙	1.0	0.85	2.0
有效磷	0.44	0.39	0.43
钠	0.18	0.18	0.18

表 2-19　育雏期和生长期日粮示例　　　　　　　　　（千克）

组分	1	2	3	4	5	6
玉米	709.5	—	374.0	737.5	—	392.5
小麦	—	797.5	373.5	—	822.5	392.0
豆粕（48%）	238.0	150.0	200.0	205.0	120.0	158.0
脂肪	10.0	10.0	10.0	10.0	10.0	10.0
石粉	15.0	15.0	15.0	15.0	15.0	15.0
磷酸氢钙（20%P）	15.0	15.0	15.0	20.0	20.0	20.0
盐	2.5	2.5	2.5	2.5	2.5	2.5
预混料	10.0	10.0	10.0	10.0	10.0	10.0
蛋氨酸	0.88	1.25	1.1	0.8	1.0	0.8
营养水平						
粗蛋白（%）	17.6	17.6	17.7	16.2	16.6	16.1
可消化蛋白（%）	16.0	16.0	16.1	14.8	14.9	14.7
粗脂肪（%）	3.8	2.3	3.1	3.9	2.3	3.2
粗纤维（%）	2.5	2.8	2.6	2.5	2.8	2.6
代谢能（千卡/千克）	3 045	2 970	3 010	3 059	2 800	3 030
钙（%）	0.94	0.95	0.95	1.04	1.06	1.05
有效磷（%）	0.41	0.43	0.42	0.50	0.53	0.51
钠（%）	0.17	0.19	0.18	0.16	0.19	0.18
蛋氨酸（%）	0.41	0.40	0.40	0.37	0.35	0.34
蛋+半胱氨酸（%）	0.66	0.68	0.67	0.61	0.61	0.58
赖氨酸（%）	0.90	0.88	0.90	0.80	0.80	0.78

（2）育成蛋鸡 蛋鸡7~18周龄为育成期。该阶段鸡生长发育旺盛，体重增长速度稳定，消化器官逐渐发育成熟，骨骼生长速度超过肌肉生长速度，因此，对能量、蛋白等营养成分的需求相对较低，可以使用一些粗纤维较高的原料，如糠麸、草粉等，以降低饲料成本。育成后期为限制体重增长，还可使用麸皮等稀释饲料营养浓度。18周龄至开产可以使用过渡性高钙饲料，以加快骨钙的储备（表2-20、表2-21）。

表2-20 产蛋鸡日粮营养规格

采食量［克/（只·天）]	120	100	90
蛋白水平（%）	14.0	17.0	19.0
氨基酸（%）			
精氨酸	0.60	0.75	0.82
赖氨酸	0.56	0.70	0.77
蛋氨酸	0.31	0.37	0.41
蛋＋胱氨酸	0.53	0.64	0.71
色氨酸	0.12	0.15	0.17
组氨酸	0.14	0.17	0.19
亮氨酸	0.73	0.91	1.00
异亮氨酸	0.50	0.63	0.69
苯丙氨酸	0.38	0.47	0.52
苯丙＋酪氨酸	0.65	0.83	0.91
苏氨酸	0.50	0.63	0.69
缬氨酸	0.56	0.70	0.77
营养水平			
代谢能（kcal/千克）	2 700	2 800	2 850
钙（%）	3.00	3.50	3.60
有效磷（%）	0.35	0.40	0.42
钠（%）	0.17	0.18	0.19

表 2-21　产蛋鸡日粮示例　　　　　　　（千克）

组分	1	2	3
玉米	596.0	—	300.0
小麦	—	682.0	360.0
大麦	—	—	—
豆粕（48%）	280.0	195.0	222.25
脂肪	20.0	20.0	15.0
石粉	78.0	78.0	78.0
磷酸氢钙（20%）	11.5	11.5	11.5
盐	3.5	2.5	2.5
预混料	10.0	10.0	10.0
蛋氨酸	1.0	1.0	0.75
营养水平			
粗蛋白（%）	18.60	17.90	17.80
可消化蛋白（%）	17.00	16.00	16.10
粗脂肪（%）	4.40	3.20	3.30
粗纤维（%）	2.30	3.30	2.80
代谢能（千卡/千克）	2 860	2 768	2 800
钙（%）	3.30	3.30	3.30
有效磷（%）	0.41	0.43	0.41
钠（%）	0.19	0.19	0.18
蛋氨酸（%）	0.42	0.37	0.36
蛋+半胱氨酸（%）	0.70	0.66	0.54
赖氨酸（%）	1.02	0.96	0.95

（3）产蛋鸡　蛋鸡 19 周龄至淘汰为产蛋期。这一时期按产蛋率高低分为产蛋前期、中期和后期。

①产蛋前期。开产至 40 周龄或产蛋率由 5% 达 70%，因负担较重，对蛋白的需要量随产蛋率的提高而增加。此外，蛋壳的形成需要大量的钙，因此对钙的需要量增加。蛋氨酸、维生素、微量元素等营养指标也应适量提高，确保营养成分供应充足，力求延长产蛋高峰

期，充分发挥其生产性能。含钙原料应选用颗粒较大的贝壳粉和粗石粉，便于挑食。尽可能少用玉米蛋白粉等过细饲料原料，以免影响采食。

②产蛋中期。40~60周龄或产蛋率由80%~90%的高峰期过后，蛋鸡体重几乎无增加，产蛋率开始下降，营养需要较高峰期略有降低。但由于蛋重增加，饲粮中的粗蛋白质水平不可降得太快，应采取试探性降低蛋白质水平较为稳妥。

③产蛋后期。60周龄以后或产蛋率降至70%以下，这一时期的产蛋率持续下降。由于鸡龄增加，对饲料中营养物质的消化和吸收能力下降，蛋壳质量变差，饲粮中应适当增加矿物质饲料的用量，以提高钙的水平。产蛋后期随产蛋量下降，母鸡对能量的需要量相应减少，在降低粗蛋白质水平的同时不可提高能量水平，以免使鸡变肥而影响生产性能（表2-22）。

表2-22　产蛋鸡营养需要

营养指标	单位	开产至高峰期	高峰后期	种鸡
代谢能	兆焦/千克（兆卡/千克）	11.29（2.70）	10.87（2.65）	11.29（2.70）
粗蛋白	%	16.5	15.5	18.0
蛋白能量比	克/兆焦（克/兆卡）	14.61（61.11）	14.26（58.49）	15.94（66.67）
赖氨酸能量比	克/兆焦（克/兆卡）	0.64（2.67）	0.61（2.54）	0.63（2.63）
赖氨酸	%	0.75	0.70	0.75
蛋氨酸	%	0.34	0.32	0.34
蛋氨酸+胱氨酸	%	0.65	0.56	0.65
苏氨酸	%	0.55	0.50	0.55
色氨酸	%	0.16	0.15	0.16
精氨酸	%	0.76	0.69	0.76
亮氨酸	%	1.02	0.98	1.02
异亮氨酸	%	0.72	0.66	0.72
苯丙氨酸	%	0.58	0.52	0.58

（续表）

营养指标	单位	开产至高峰期	高峰后期	种鸡
苯丙氨酸＋酪氨酸	％	1.08	1.06	1.08
组氨酸	％	0.25	0.23	0.25
缬氨酸	％	0.59	0.54	0.59
甘氨酸＋丝氨酸	％	0.57	0.48	0.57
可利用赖氨酸	％	0.66	0.60	—
可利用蛋氨酸	％	0.32	0.30	—
钙	％	3.5	3.5	3.5
总磷	％	0.60	0.60	0.60
非植酸磷	％	0.32	0.32	0.32
钠	％	0.15	0.15	0.15
氯	％	0.15	0.15	0.15
铁	毫克／千克	60	60	60
铜	毫克／千克	8	8	6
锌	毫克／千克	80	80	60
锰	毫克／千克	60	60	60
碘	毫克／千克	0.35	0.35	0.35
硒	毫克／千克	0.30	0.30	0.30
亚油酸	％	1	1	1
维生素 A	单位／千克	8 000	8 000	10 000
维生素 D	单位／千克	1 600	1 600	2 000
维生素 E	单位／千克	5	5	10
维生素 K	毫克／千克	0.5	0.5	1.0
硫胺素	毫克／千克	0.8	0.8	0.8
核黄素	毫克／千克	2.5	2.5	3.8
泛酸	毫克／千克	2.2	2.2	10
烟酸	毫克／千克	20	20	30
吡哆醇	毫克／千克	3	3.0	4.5
生物素	毫克／千克	0.10	0.10	0.15
叶酸	毫克／千克	0.25	0.25	0.35
维生素	毫克／千克	0.004	0.004	0.004
胆碱	毫克／千克	500	500	500

注：根据中型体重鸡制定，轻型鸡可减少10％；开产日龄按5％产蛋率计算。

16. 能提供几个蛋鸡饲料配方实例吗？

（1）0~8 周龄生长蛋鸡常规饲料原料配方（表 2-23）

表 2-23　0~8 周龄生长蛋鸡常规饲料原料配方

原料（%）	1	2	3	4
玉米	64.75	63.37	63.50	65.00
小麦麸	4.46	7.48	3.94	7.00
大豆饼	18.00	14.35	15.50	—
菜籽饼	3.00	—	—	—
大豆粕	—	—	—	15.00
玉米蛋白粉	—	—	—	4.00
向日葵仁粕	—	4.00	8.00	—
鱼粉	7.00	8.00	6.00	5.00
氢钙	0.66	0.51	0.72	1.00
石粉	0.92	0.98	1.00	1.00
食盐	0.15	0.11	0.14	0.80
蛋氨酸	0.06	0.10	0.10	0.10
赖氨酸	—	0.10	0.10	0.10
预混料	1.00	1.00	1.00	1.00
总计	100.00	100.00	100.00	100.00
代谢能兆焦 / 千克	11.93	11.93	11.93	12.06
粗蛋白	19.32	19.00	19.08	19.15
钙	0.90	0.90	0.90	0.93
非植酸磷	0.49	0.48	0.47	0.50
钠	0.15	0.15	0.15	0.39
氯	0.17	0.15	0.16	0.55
赖氨酸	1.00	1.05	1.00	1.00
蛋氨酸	0.43	0.47	0.47	0.45
含硫氨基酸	0.74	0.76	0.77	0.77

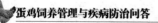
（2）常规饲料原料配制9~18周龄生长蛋鸡配方（表2-24）

表2-24　常规饲料原料配制9-18周龄生长蛋鸡配方

原料（%）	1	2	3	4	5
玉米	68.21	69.01	69.22	67.21	70.60
小麦麸	7.27	7.60	7.53	7.69	8.00
米糠饼	3.00	—	—	—	—
苜蓿草粉	—	1.00	—	—	—
花生仁饼	—	1.00	—	2.00	—
芝麻饼	—	—	—	2.00	—
棉籽蛋白	—	—	2.00	—	—
大豆粕	9.00	12.00	—	—	—
大豆饼	—	—	14.00	14.00	10.00
菜籽粕	3.00	—	—	—	—
向日葵仁粕	4.00	5.00	—	—	—
麦芽根	—	—	—	—	2.00
玉米蛋白粉	—	—	—	—	2.00
玉米胚芽饼	—	—	2.00	—	—
玉米DGGS	—	—	—	2.00	—
蚕豆粉浆蛋白粉	0.38	0.09	—	—	2.00
鱼粉	2.00	1.00	2.00	2.00	2.00
氢钙	0.69	0.82	0.78	0.84	1.00
石粉	1.19	1.18	1.15	1.00	1.00
食盐	0.24	0.27	0.27	0.22	0.27
蛋氨酸	—	0.01	0.04	—	0.03
赖氨酸	0.02	0.02	0.01	0.04	0.10
预混料	1.00	1.00	1.00	1.00	1.00
总计	100.00	100.00	100.00	100.00	100.00
代谢能（兆焦/千克）	11.72	11.72	11.70	11.72	11.83
粗蛋白	15.50	15.56	15.55	15.50	15.50
钙	0.80	0.80	0.80	0.80	0.80
非植酸磷	0.35	0.35	0.37	0.39	0.41
钠	0.15	0.15	0.15	0.15	0.15
氯	0.20	0.21	0.21	0.19	0.22
赖氨酸	0.68	0.68	0.70	0.70	0.76
蛋氨酸	0.27	0.27	0.31	0.28	0.30
含硫氨基酸	0.56	0.55	0.55	0.55	0.56

（3）常规饲料原料配制 19 周龄至开产蛋鸡配方（表 2-25）

表 2-25　常规饲料原料配制 19 周龄至开产蛋鸡配方

原料（%）	1	2	3	4	5
玉米	64.99	59.90	60.89	59.11	62.97
高粱	—	—	—	10.00	3.00
小麦麸	3.88	—	—	—	—
大麦（裸）	—	7.00	7.00	—	—
麦芽根	—	—	—	—	2.06
米糠	—	3.00	—	—	—
大豆粕	15.00	15.00	15.00	14.00	20.00
棉籽饼	—	—	—	3.00	3.00
向日葵仁粕	4.00	—	—	3.00	—
蚕豆粉浆蛋白粉	—	—	—	4.00	—
菜籽粕	3.00	3.00	—	—	—
玉米胚芽粕	—	—	—	—	2.00
玉米蛋白粉	—	—	3.87	—	—
苜蓿草粉	—	—	4.00	—	—
鱼粉	3.00	4.00	3.00	—	—
氢钙	0.40	0.24	0.60	0.87	0.82
石粉	4.49	4.47	4.23	4.62	4.64
食盐	0.20	0.19	0.21	0.30	0.31
蛋氨酸	0.04	0.10	0.10	0.10	0.10
赖氨酸	—	0.10	0.10	—	0.10
预混料	1.00	1.00	1.00	1.00	1.00
总计	100.00	100.00	100.00	100.00	100.00
代谢能（兆焦／千克）	11.51	11.65	11.59	11.77	11.50
粗蛋白	17.02	16.94	17.00	17.04	16.83
钙	2.00	2.00	2.00	2.00	2.00
非植酸磷	0.32	0.32	0.36	0.32	0.32
钠	0.15	0.15	0.15	0.15	0.15
氯	0.19	0.17	0.20	0.23	0.24
赖氨酸	0.78	0.88	0.83	0.79	0.86
蛋氨酸	0.34	0.39	0.40	0.36	0.36
含硫氨基酸	0.64	0.69	0.68	0.64	0.65

（4）常规饲料原料配制开产至高峰蛋鸡配方（表2-26）

表2-26　常规饲料原料配制开产至高峰蛋鸡配方

原料（%）	1	2	3	4	5
玉米	64.40	62.20	64.58	64.78	64.67
小麦麸	0.55	0.40	–	0.78	0.37
米糠饼	—	5.00			
大豆粕	12.00	15.00	18.00	13.89	16.00
菜籽粕	3.00	—	—	—	3.00
麦芽根			1.28		
花生仁粕		3.00	—	—	
向日葵仁粕	3.00	—	—		
玉米胚芽饼			1.66		
玉米DDGS	—		—	3.00	
啤酒酵母	—		—	4.00	
玉米蛋白粉	3.00	—	—	—	3.00
鱼粉	3.62	4.00	4.00	3.00	2.24
氢钙	1.13	1.08	1.09	1.31	1.39
石粉	8.00	8.00	8.00	8.00	8.00
食盐	0.19	0.19	0.20	0.15	0.24
蛋氨酸	0.06	0.10	0.09	0.09	0.07
赖氨酸	0.05	0.03	0.10	—	0.02
预混料	1.00	1.00	1.00	1.00	1.00
总计	100.00	100.00	100.00	100.00	100.00
代谢能（兆焦/千克）	11.30	11.30	11.30	11.30	11.30
粗蛋白	16.50	16.50	16.50	16.50	16.50
钙	3.50	3.50	3.50	3.50	3.50
非植酸磷	0.49	0.49	0.49	0.50	0.50
钠	0.15	0.15	0.15	0.15	0.15
氯	0.18	0.18	0.19	0.16	0.20
赖氨酸	0.75	0.81	0.90	0.80	0.75
蛋氨酸	0.36	0.38	0.37	0.38	0.36
含硫氨基酸	0.65	0.65	0.65	0.65	0.65

17. 蛋鸡浓缩饲料有什么特点？

浓缩饲料又称平衡用配合料，通常为全价饲料中除去能量饲料的剩余部分，一般占全价配合饲料的10.1%~40%。由添加剂预混料、蛋白质饲料、常用矿物质饲料（包括钙、磷饲料、钠和氯）三部分原料构成。矿物质，包括骨粉、石粉（钙粉）或贝壳粉；微量元素，包括硫酸铜、硫酸锰、硫酸锌、硫酸亚铁、碘化钾、亚硒酸钠等；氨基酸、抗氧化剂、抗生素、蛋白质饲料以及多种维生素等。它是按照蛋鸡对蛋白质、维生素、微量元素、氨基酸等核心营养素所需的营养标准进行计算，采用现代化的加工设备，将以上原料充分混合而制成的。养殖户为了降低饲料成本，可用谷实类或粮食加工类副产品等能量饲料配以浓缩饲料制成配合饲料，不需要再添加其他添加剂。市场上浓缩饲料有25%、40%等规格。

18. 怎样正确使用浓缩饲料?

（1）配足能量饲料　浓缩饲料是一种高蛋白质饲料，必须加入足够的能量饲料（如玉米、碎米、糠麸等）才能成为全价配合饲料，在配料时要注意糠麸用量应控制在10%以下。禁用其他添加剂。因为在配制浓缩饲料时已经加入了足够需用的各种添加剂，若再额外添加不仅会造成成本增加，还可能导致中毒或抑制畜禽生长。切勿再加蛋白质饲料。因为浓缩饲料蛋白质含量较高，如果过多加入蛋白质饲料，蛋能比不平衡，会影响畜禽的生长。

（2）正确配比稀释　使用浓缩饲料时，一定要按产品说明书推荐的比例正确稀释，建议采用逐级稀释法混合：即先取部分能量饲料与浓缩饲料拌匀，逐步扩大，最后加入全部能量饲料。若混合不均匀，轻者导致营养不良，严重时造成中毒，浓缩饲料在配合饲料中的比例一般不超过30%。

（3）浓缩料在蛋鸡日粮中的比例　根据产品说明书中营养含量和推荐的比例，一般来说可占25%~40%，如在雏禽日粮中：玉米60%、麦麸5%、浓缩料35%；在育成蛋鸡日粮中：玉米65%、麦麸10%、浓缩料25%。

另外，养殖场规模较大、有简单的饲料加工设备，周边玉米价格较低、蛋白类原料不丰富时，可选择浓缩饲料。

19. 怎样正确使用蛋鸡预混料？

蛋鸡预混料全称为预混合饲料，是指由蛋鸡生长发育必需的各种单项维生素、微量元素及氨基酸等营养物质组成，是配合饲料的核心。

蛋鸡预混料的正确应用要把握好以下几个要点。

① 预混料不宜直接使用，需与能量饲料和蛋白饲料一起混合，预混料的添加量通常为1%~5%。

② 预混料选择时可根据原料及推荐配方选用不同的浓度，现在市场上预混料有1%、3%和5%等。

③ 预混料在畜禽日粮中比例小，一般为1%~6%，也是以其营养含量而异，例如在雏禽中，玉米60%、麦麸4%、饼粕30%、预混料6%；在育成蛋鸡日粮中，玉米65%、麦麸10%、饼粕20%、预混料5%。

④ 养殖场规模大，养殖人员专业技术高，饲料加工设备较先进、周边各种原料充足、交通便利的情况下可选择预混料。

20. 什么是蛋鸡全价料？

营养完全的配合饲料，叫作全价饲料。该饲料内含有能量、蛋白质和矿物质饲料以及各种饲料添加剂等。各种营养物质种类齐全、数量充足、比例恰当，能满足蛋鸡生产需要。可直接用于蛋鸡喂养，一般不必再补充任何饲料原料。

21. 蛋鸡饲料配方设计的一般原则有哪些？

单一饲料不能满足蛋鸡对营养素的全面需要，应按饲料配方的要求，选取不同数量的若干种饲料原料合理搭配，使其所提供的各种养分均符合蛋鸡饲养标准所规定的数量，这个步骤，称为日粮配合。

进行饲料配方设计时要注意掌握饲料产品的四个特性，即营养性、生理性、安全性和经济性。

（1）营养性 饲料种类多样化，能量优先考虑，粗蛋白质、氨基酸、矿物质（主要包括食盐、钙、磷等）和维生素重点考虑。同时注意能量与蛋白质等营养素的合理搭配，使之尽量与饲养标准相符。

（2）生理性 鸡没有牙齿，特别是雏鸡对粗纤维的消化能力差，因此饲料中粗纤维的含量，雏鸡不超过3%，育成鸡和蛋鸡7%。雏鸡要多选用高能量、高蛋白的原料，忌用有刺激性异味、霉变或含有其他有害物质的原料；粉料不可磨得太细，否则鸡吃起来发黏，会降低适口性。其粒度一般在1.5~2毫米为宜。

（3）安全性 遵循随用随配的原则，一般一次配7~10天日粮的量。混合饲料湿度较大，通气性差，时间过长会造成脂肪、维生素等营养物质的损失，特别是夏季，高温高湿极易发霉变质。饲料存放要保证室内通风、避光、干燥、防鼠、防污染。袋装饲料要离地离墙堆放，最好用木架搭空离地20厘米以上，饲料堆放不要堆压过高过重。

抗菌药物的选择要符合我国批准在饲料中使用的抗生素类药物。养殖户可以根据当地中草药分布情况，选择合适的抗菌中草药，如金银花、野菊花、蒲公英、鱼腥草、紫花地丁、苍术、姜黄、大蒜、大葱叶等作为添加剂。

（4）经济性 要因地制宜，尽量选用营养丰富、价格低廉、来源方便的饲料进行配合，以降低饲养成本。

22. 以试差法为例说明饲料配方设计的步骤

制定饲料配方，至少需要两方面的资料：蛋鸡的营养需要量和常用饲料营养成分含量。

试差法是一种实用的饲料配方方法，对于初养鸡者以及没有学习过饲料配方的人员较容易掌握，只要了解饲料原料主要特性并且合理利用饲养标准，就可在短时间内配制出实用、廉价、效果理想的饲料配方。

假设养殖场有玉米、豆饼、花生粕、棉粕、鱼粉、麦麸、磷酸氢钙、石粉、食盐、赖氨酸（78%）、蛋氨酸（99%）、0.5%复合预混料等原料，为0~8周龄的罗曼蛋雏鸡设计配合饲料。

（1）查标准，定指标 查罗曼蛋鸡的饲养标准，确定0~8周龄的罗曼蛋雏鸡的营养需要量。蛋鸡的营养需要中考虑的指标一般有代谢能、粗蛋白质、钙、有效磷、蛋氨酸＋胱氨酸、赖氨酸（表2-27）。

表2-27　0~8周的罗曼蛋雏鸡的饲养标准

代谢能（兆焦／千克）	粗蛋白（%）	钙（%）	总磷（%）	有效磷（%）	蛋氨酸＋胱氨酸（%）	赖氨酸（%）
11.91	18.50	0.95	0.7	0.45	0.67	0.95

（2）根据原料种类，列出所用饲料的营养成分　在我国一般直接选用《中国饲料成分及营养价值表》中的数据即可。对照各种饲料原料列出其营养成分含量（表2-28）。

表2-28　饲料的营养成分含量

饲料	代谢能（兆焦／千克）	粗蛋白质（%）	钙（%）	总磷（%）	有效磷（%）	蛋氨酸＋胱氨酸（%）	赖氨酸（%）
玉米	13.56	8.7	0.02	0.27	0.1	0.38	0.24
麦麸	6.82	15.7	0.11	0.92	0.3	0.39	0.58
豆粕	9.83	44.0	0.33	0.62	0.18	1.30	2.66
花生粕	10.88	47.8	0.27	0.56	0.33	0.81	1.40
棉粕	8.49	43.5	0.28	1.04	0.36	1.26	1.97
鱼粉	12.18	62.5	3.96	3.05	3.05	2.21	5.12

（3）初拟配方　参阅类似配方或自己初步拟定一个配方，配比不一定很合理，但原料总量接近100%。根据饲料原料的具体情况，初拟饲料配方并计算营养物质含量。

根据实践经验，雏鸡饲料中各类饲料的比例一般为：能量饲料65%~70%，蛋白质饲料25%~30%，矿物质饲料等3%~3.5%（包括0.5%复合预混料）。初拟配方时，蛋白质饲料按27%估计，棉粕适口性差并含有毒素，占日粮的3%；花生粕定为2%，鱼粉价格较高，占日粮的3%；豆粕则为19%，玉米充足，占日粮的比例较高

65%；小麦麸粗纤维含量高，占日粮的 5%；矿物质饲料等 3%。

一般配方中营养成分的计算种类和顺序是：能量→粗蛋白质→钙→磷→食盐→氨基酸→其他矿物质→维生素。计算各种原料营养素的含量方法：各种原料营养素的含量 × 原料配比，然后把每种原料的计算值相加得到某种营养素在日粮中的浓度。先计算代谢能和粗蛋白质的含量（表 2-29）。

表 2-29　代谢能和粗蛋白质的含量

原料	比例（%）	代谢能（兆焦/千克）		粗蛋白质（%）	
		原料中	饲粮中	原料中	饲粮中
玉米	65	13.56	13.56×0.65=8.814	8.7	8.7×0.65=5.66
麦麸	5	6.82	6.82×0.05=0.341	15.7	15.7×0.05=0.785
豆粕	19	9.83	9.83×0.19=1.868	44	44×0.19=8.36
花生粕	2	10.88	10.88×0.02=0.218	47.8	47.8×0.02=0.956
棉粕	3	8.49	8.49×0.03=0.255	43.5	43.5×0.03=1.305
鱼粉	3	12.18	12.18×0.03=0.365	62.5	62.5×0.03=1.875
合计	97		11.86		18.94
标准			11.92		18.5
与标准比			−0.06		+0.44

以上饲粮，和饲养标准相比，代谢能偏低，需要提高代谢能，降低粗蛋白质。

（4）调整配方　方法是用一定比例的某一种原料替代同比例的另外一种原料。计算时可先求出每代替 1% 时，饲粮能量和蛋白质改变的程度，然后根据第三步中求出的与标准的差值，计算出应该代替的百分数。用能量高和粗蛋白质低的玉米代替豆粕，每代替 1% 可使能量提高（13.56-9.83）×1%=0.0373 兆焦/千克，粗蛋白质降低（44-8.7）×1%=0.353 个百分点。要使粗蛋白质含量与标准中的 18.5% 相符，需要降低豆粕比例为（0.44/0.35）×100%=1.3%，玉米相应增加 1.3%。调整配方后代谢能与粗蛋白质的含量见表 2-30。

表2-30　代谢能与粗蛋白质的含量

原料	比例（%）	代谢能（兆焦/千克）		粗蛋白质（%）	
		原料中	饲粮中	原料中	饲粮中
玉米	66.3	13.56	13.56×0.663=8.814	8.7	8.7×0.663=5.768
麦麸	5	6.82	6.82×0.05=0.341	15.7	15.7×0.05=0.785
豆粕	17.7	9.83	9.83×0.177=1.74	44	44×0.177=7.78
花生粕	2	10.88	10.88×0.02=0.218	47.8	47.8×0.02=0.956
棉粕	3	8.49	8.49×0.03=0.255	43.5	43.5×0.03=1.305
鱼粉	3	12.18	12.18×0.03=0.365	62.5	62.5×0.03=1.875
合计	97		11.91		18.47
标准			11.92		18.5
与标准比			−0.01		−0.03

（5）计算矿物质和氨基酸含量　用上表计算方法得出矿物质和氨基酸用量见表2-31。

表2-31　矿物质和氨基酸含量

原料	比例（%）	钙（%）	总磷（%）	有效磷（%）	蛋氨酸+胱氨酸（%）	赖氨酸（%）
玉米	66.3	0.0133	0.179	0.0663	0.2519	0.1591
麦麸	5	0.0055	0.046	0.015	0.0195	0.029
豆粕	17.7	0.0584	0.1097	0.0318	0.2301	0.4708
花生粕	2	0.0054	0.0112	0.0066	0.0162	0.028
棉粕	3	0.0084	0.0312	0.0108	0.0378	0.0591
鱼粉	3	0.1188	0.0915	0.0915	0.0663	0.1536
合计	97	0.21	0.468	0.222	0.6218	0.8996
标准		0.95	0.7	0.45	0.67	0.95
与标准比		−0.74	−0.232	−0.228	−0.0482	−0.0504

和饲养标准相比，钙、磷、蛋氨酸+胱氨酸、赖氨酸都不能满足需要，都需要补充。钙比标准低0.74%，磷比标准低0.232%，蛋氨酸+胱氨酸比标准低0.0482%，赖氨酸比标准低0.0504%。因磷酸氢钙中含有钙和磷，先用磷酸氢钙补充磷，需要磷酸氢钙0.232%÷16%=1.45%。

1.45％的磷酸氢钙可为饲粮提供21％×1.45％=0.305％的钙，钙还差0.74％-0.305％=0.435％，用含钙36％的石粉补充，需要石粉0.435％÷36％=1.2％。市售的赖氨酸实际含量为78.8％，添加量为0.0504％÷78.8％=0.06％；商品原料DL-蛋氨酸纯度为99％，添加量为0.0482％÷99％=0.05％。

（6）补充各种添加剂　预配方中，各种矿物质饲料和添加剂总量为3％，食盐按0.3％，复合预混料按0.5％添加，再加上（磷酸氢钙+石粉+赖氨酸+蛋氨酸）的总量为3.56％，比预计的多出0.56％，可以将麸皮减少0.56％。

（7）确定配方　最终配方见表2-32。

表2-32　最终配方及主要营养指标　　　　　（％）

饲料	比例	营养指标	含量
玉米	66.3	代谢能（兆焦/千克）	11.91
麦麸	4.44	粗蛋白质	18.5
豆粕	17.7	钙	0.95
花生粕	2	总磷	0.7
棉粕	3	有效磷	0.45
鱼粉	3	蛋氨酸+胱氨酸	0.67
石粉	1.2	赖氨酸	0.95
磷酸氢钙	1.45		
食盐	0.30		
蛋氨酸	0.05		
赖氨酸	0.06		
预混料	0.5		
合计	100		

23. 选购蛋鸡饲料应该注意哪些问题？

（1）注意生产厂家的资质　正规饲料生产企业具备有效的饲料生产企业审查合格证或生产许可证；饲料标签上标明"本产品符合饲料

卫生标准"，此外还应该明示饲料名称、饲料成分分析保证值、原料组成、产品标准编号（国标或企标）、加入药物或添加剂的名称、使用说明、净含量、生产日期、保质期、审查合格证或生产许可证的编号及质量认证（ISO9001、HACCP 或 ISO22000、产品认证）等 12 项信息。

（2）根据饲料种类选择　养殖场（户）可根据生产规模、设备、周边原料的种类、质量、价格及运输等因素选择配合料、浓缩料或预混料。

一般养殖场规模小，距离饲料场近可选择配合饲料；养殖场规模较大、有简单的饲料加工设备，周边玉米价格较低，蛋白类原料不丰富时可选择浓缩饲料；养殖场规模大，饲料加工设备较先进、周边各种原料充足、交通便利的情况下可选择预混饲料。浓缩饲料和预混饲料选择时可根据原料及推荐配方选用不同的浓度，现在市场上浓缩饲料有 25%、40% 等，预混合料有 1%、3% 和 5% 等。

（3）考虑饲料的营养水平　根据鸡群生长的不同时期对各种营养素的需要不同，要选择能够满足当时鸡群营养需要的饲料。一般情况下 0~6 周龄选择育雏料（蛋小鸡料），7~15 周龄选择育成料（蛋中鸡料），16 周至鸡群 5% 开产期间选择预产期料（开产前期料），5%~95% 产蛋率时选择产蛋高峰料，产蛋高峰过后选择高峰后期料。

（4）查看药物添加剂使用安全情况　饲料中添加抗球虫类、抗生素类等药物应是国家允许的品种和剂量，即符合《饲料和饲料添加剂管理条例》和《饲料药物添加剂使用规范》等国家、行业相关法律法规规定，以保证鸡肉、鸡蛋的安全。

24. 饲料的运输与贮存应注意哪些问题？

饲料的运输和贮藏应注意防潮、防霉、防虫鼠、防污染。散装饲料运输车和袋装饲料的运输，建议如下。

（1）散装饲料的运输　一般有专门的运输车承运。如是新的散装饲料运输在使用初期应注意：严格执行新车不少于 10 000 千米的走合里程，才能转入正常使用。即按规定托带挂车和发动机长时间大负荷、高转速使用。因为只有这样，发动机动力才可能达到最大值。并且在初始期载荷不大的使用条件下暴露制造、装配与调整的不足，适时地予以消除。否则因动力不足，过早大负荷使用，会造成发动机零部件初期过量磨损，甚至损坏。

（2）袋装饲料的运输 因为袋饲料的包装通常是内塑外编的双层包装，当太阳直射到饲料包装上时，包装中的饲料温度会上升，饲料中的水气散发。卸车后，饲料应存放在阴凉之处，饲料温度下降，蒸发的水气便会在饲料包装袋袋口及四周冷凝结露而浸湿饲料，造成局部水分过高而霉变。所以在承运时应当加盖防雨布，以遮挡烈日的暴晒或防止雨淋。若没盖好雨布，雨水会顺着装袋口的针眼流入饲料中，造成饲料局部水分过高而霉变。

鉴于饲料的特性和贮存条件，建议客户保持适当的存货量，以满足所需而不造成积压。饲料的防潮、防霉一直是个很大的课题。目前使用最广泛的是丙酸及其盐类，可以适当合理地添加以确保饲料的质量。

运输车辆使用前应清扫消毒，保证无鸡毛、鸡粪等各种杂物，避免与有毒有害及其他污染物混装，运输途中注意防护，避免因雨淋、受潮等引起饲料发霉变质。运输车辆禁止进入生产区，饲料运到养殖场后要熏蒸消毒，由专用车辆转运至鸡舍。

料间或料塔应具备隔热、防潮功能，每次进料前对残留饲料或者其他杂物清扫和整理，用 3 克/米^{3}强力熏蒸粉消毒 20 分钟；储存期间做好防鼠、防鸟和防虫工作，减少污染和浪费。

25. 饲料在饲喂时要注意什么？

喂料时遵循"少添勤喂"的原则，一般每天可喂料 4 次（上午、下午各 2 次），每次喂料不超过料槽厚度的 1/3。为了增加采食量，每次喂料后及时匀料；夏季可在晚上关灯前及早晨开灯后补饲。此外，在雏鸡引进、换料、鸡群染病等特殊时期进行不同的饲喂管理。

（1）雏鸡引进时 雏鸡进场后应该先饮水后开食，在保证采食点充足的情况下少喂、勤添，人员充足时可 2 小时添料 1 次。为了增加采食量可饲喂颗粒料，也可饲喂 1~3 天潮拌料（应即拌即喂），一般料水比例为 50：15，以手握成团，松手能自由散开为宜。

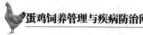

（2）换料管理　换料时除考虑鸡群日龄和生产性能外，还要关注鸡群骨骼发育及体重情况，以保证生产潜能的发挥。如京红 1 号，8 周龄体重 680 克，胫骨长 80 毫米，就可以换成育成料；18 周龄时体重 1 550 克，且产蛋率 5% 时，就可以更换成高峰料。

换料时应采用"渐进式"。如育成料更换成预产期料：先用 1/3 育成料 +2/3 预产期料混合饲喂 2 天，用 1/2 育成料 +1/2 预产期料饲喂 2 天、1/3 育成料 +2/3 预产期料饲喂 3 天后，要调整为预产期料。换料前后，最好每天准确测量鸡只耗料量，如果采食量下降，要及时采用匀料、饲料潮拌等方法刺激采食，增加采食量；为减小换料对鸡群的应激，可在饲料中适当添加维生素 C 或水溶性多维。

（3）鸡群异常时喂料　日常加强巡视和称重，及时淘汰病残鸡和无饲养价值的鸡只；将鸡冠发育不良和体重不达标的鸡只挑出，单笼饲养，并在饲料中添加 1%~2% 植物油 3~7 天，以"少量多次"的方式促进采食，增加体重。当鸡群染病时，可根据疾病的不同采取相应的管理措施。如鸡法氏囊对肾脏造成损害，代谢的压力加大，饲喂时需要降低饲料的蛋白含量，同时添加通肾利尿的药物；鸡群发生啄肛、啄羽现象，排除管理和光照的原因后，饲喂时调整氨基酸平衡，适当增加粗纤维、锌等的比例；鸡群软壳蛋超过总数的 1% 时，可在饲料中增加钙粉，添加维生素 AD_3 粉以促进钙的吸收。总之，鸡群异常时更要关注饲料的营养和饲喂，以提高鸡群体质，增强抵抗力。

（4）饲料异常　当饲料中添加较多的骨粉、羽毛粉或饲料发霉变质时，饲料会产生腥臭味或霉味，此时应立即停止饲喂并尽快准备优质饲料，避免鸡群拒食或引起霉菌毒素中毒造成更加严重的损失。

第三章　蛋雏鸡的饲养管理

1. 雏鸡有哪些生理特点?

雏鸡是指0~6周龄的鸡,其生理特点主要有以下几点。

(1)体温调节机能差　幼雏体温较成年鸡低3℃,雏鸡绒毛稀短、皮薄、皮下脂肪少、保温能力差,体温调节机能要在2周龄之后才逐渐趋于完善。所以维持适宜的育雏温度,对雏鸡的健康和正常发育至关重要。

(2)生长发育迅速,繁殖率高　蛋雏鸡1周龄时体重约为初生重的2倍,至6周龄时约为初生重的15倍,其前期生长发育迅速,在营养上要充分满足其需要。由于生长迅速,雏鸡的代谢很旺盛,单位体重的耗氧量是成鸡的3倍,在管理上必须满足其对新鲜空气的需要。

蛋鸡繁殖率高,1只蛋鸡一年可产蛋17~20千克(280~320枚蛋),约为其体重的10倍。

(3)消化器官容积小,消化能力弱　幼雏的消化器官处于发育阶段,每次进食量有限,消化酶的分泌能力不健全,消化能力差。所以配制雏鸡料时,必须选用质量好、容易消化的原料,配制高营养水平的全价饲料。

(4)抗病力差　幼雏由于对外界的适应力差,对各种疾病的抵抗力也弱,在饲养管理上稍疏忽即有可能患病。30日龄之内雏鸡的免疫机能还未发育完善,虽经多次免疫,自身产生的抗体水平还是难于抵抗强毒的侵扰,所以应尽可能为雏鸡创造一个适宜的环境。

(5)敏感性强　雏鸡不仅对环境变化很敏感,由于生长迅速对一些营养素的缺乏也很敏感,容易出现营养素缺乏症,对药物和霉菌等有毒有害物质的反应也十分敏感。所以在注意环境控制的同时,选择饲料原料和用药时也都需要慎重。

（6）群居性强，胆小　雏鸡胆小、缺乏自卫能力，并且比较神经质，稍有外界的异常刺激，就有可能引起混乱炸群，影响正常的生长发育和抗病能力。所以育雏需要安静的环境，要防止各种异常声响、噪音以及新奇颜色入内，防止鼠、雀、害兽的入侵，同时在管理上要注意鸡群饲养密度的适宜性。

（7）初期易脱水　刚出壳的雏鸡含水率在76%以上，如果在干燥的环境中存放时间过长，则很容易在呼吸过程中失去水分，造成脱水。育雏初期干燥的环境也会使雏鸡因呼吸失水过多而增加饮水量，影响消化机能。所以出雏之后的存放期间、运输途中及育雏初期，注意湿度问题可以提高育雏的成活率。

（8）怕热怕潮湿　鸡没有汗腺，主要依靠呼吸散热调节体温，因此抗热能力较差，环境温度长期在35℃以上，就有热死的危险。当然，温度过低，一方面会影响鸡的生长发育和生产潜能发挥；另一方面会增加饲料消耗，降低经济效益。鸡喜欢温暖干燥的环境，潮湿不利于鸡散热，易引发各种疾病。

（9）喜群居，好争斗，爱模仿　鸡的合群性强，一般不单独行动，刚出壳几天的鸡，就会找群，一旦离群就叫声不止。公、母鸡都有很强的认巢能力，能很快适应新的环境、自动回到原处栖息。同时，拒绝新鸡进入，一旦新鸡来到，便会争斗不止，直到有一方斗败，公鸡尤甚。鸡爱模仿，集约化饲养时，若营养水平、饲养管理技术跟不上，因鸡群密度大，常会造成啄肛、啄羽的习性，各个鸡会纷纷效仿，如不及时采取措施，会有大批啄死的危险。

（10）抗病力差　鸡的抗病力差表现在多个方面：鸡的肺脏较小，连接有许多气囊，而且体内各个部位包括骨腔内都存在着气囊，彼此连通，从而使某些经空气传播的病原体很容易沿呼吸道进入肺、气囊和体腔、肌肉、骨骼之中，所以，鸡的各种传染病大多经呼吸道传播，发病迅速，死亡率高，后患多，损失大。鸡的生殖道与排泄孔共同开口于泄殖腔，产出的蛋很容易受到粪尿污染，也易患输卵管炎。鸡的体腔中部缺少横隔膜，使腹腔感染很容易传至胸部的重要脏器。鸡没有成形的淋巴结，淋巴系统不健全，病原体在体内的流动传播不易被自身所控制，一旦感染，较易发病。所以，在同样的条件下，与鸭、鹅等比较起来，鸡的抵抗力差、成活率低。

2．雏鸡对环境条件有哪些要求？

在育雏阶段的环境条件中，需要满足雏鸡对温度、湿度、通风换气、光照、密度和卫生等条件的需要。

（1）温度 温度是培育雏鸡的首要环境条件，温度控制得好坏直接影响育雏效果。观察温度是否适宜，除看温度计外（注意：温度计要挂在鸡活动区域里，高度与鸡头水平），主要看雏鸡的表现。当雏鸡在笼内（或地面、网上）均匀分布，活动正常，采食、饮水适中时，则表示温度适宜；当雏鸡远离热源，两翅张开，卧地不起，张口喘气，采食减少，饮水增加，则表示温度高，应设法降温；当雏鸡紧靠热源，砌堆挤压，吱吱叫，则为温度低，应加温。不同育雏方式的育雏温度要求见表3-1。6周龄后，开始训练脱温，以便转群后雏鸡能够适应育成舍的温度，当发现鸡群体质较差，体重不足时，应适当推迟脱温的时间。

表 3-1 建议的育雏温度

日龄 / 天	育 雏 温 度 /℃	
	笼养育雏	平面育雏
2	32	27
3~6	31	25
7~13	30	24
14~20	27	24
21~27	24	22
28	21	20

注：表中温度是指雏鸡活动区域内鸡头水平高度的温度

近年来养鸡场（户）广泛采用高温育雏。所谓高温育雏，就是在1~2周龄采用比常规育雏温度高2℃左右。即第1周龄33~34℃，第2周龄30~32℃（常规育雏温度：第1周30~32℃，第3周

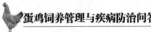

29~30℃）。实践证明，高温育雏能有效地控制雏鸡白痢病的发生和蔓延，对提高雏鸡成活率效果明显。

（2）相对湿度　育雏要有合适的温湿度相结合，雏鸡才会感觉舒适，发育正常。一般育雏舍的相对湿度是：1~10日龄60%~70%，10日龄以后50%~60%。随着雏鸡日龄增长，至10日龄以后，呼吸量与排粪量也相应增加，室内容易潮湿，因此要注意通风，勤换垫料，经常保持室内干燥清洁。

（3）通风换气　通风换气的目的是排出室内污浊的空气，换进新鲜的空气，并调整室内的温度和湿度。

通风换气方法：选择晴暖无风的中午开窗换气或安装排风扇通风。空气的新鲜程度以人进入舍内感到较舒适，即不刺眼、不呛鼻、无过分臭味为宜。值得注意的是，不少鸡场为了保持育雏舍温度而忽略通风。结果是雏鸡体弱多病，死亡数增多，更为严重的是有的鸡场将取暖煤炉盖打开，企图达到提高室温的目的，结果造成煤气中毒事故，为了既保持室温，又有新鲜空气，可先提高室温，然后通风换气，但切忌过堂风、间隙风，以免雏鸡受寒感冒。

（4）密度　饲养密度是指育雏舍内每平方米所容纳的雏鸡数。密度对于雏鸡的正常生长和发育有很大影响。密度过大，生长则慢，发育不整齐，易感染疾病和发生恶癖，死亡数也增加。因此要根据鸡舍的构造、通风条件、饲养方式等具体情况而灵活掌握。育雏期不同育雏方式雏鸡饲养密度可参考表3-2。

表3-2　不同育雏方式雏鸡的饲养密度

地面平养		立体笼养		网上平养	
周龄	密度/（只/米²）	周龄	密度/（只/米²）	周龄	密度/（只/米²）
0~6	10~20	0~1	60	0~6	20~24
		1~3	40		
		3~6	34		
6~12	5~10	6~11	24	6~18	14~20
12~20	5	11~20	14		

（5）光照　光照对雏鸡的生长发育非常重要，1~3 日龄每天可光照 23 小时，有助于雏鸡饮水和寻食一种光照方法是：4~5 日龄 20 小时，6~7 日龄 15~16 小时。以后每周把光照递减 20 分钟，直到 20 周龄时每天 9 小时。这是一种渐减光照制度；另一种光照方法是采用固定不变的形式，即 4 日龄至 20 周龄每天固定 8~9 小时光照。光的颜色以红色或白炽光照为好，能防止和减少啄羽、啄肛、殴斗等恶癖发生。

1 周龄的小鸡要求光照强度适当强一点，每平方米 3.5~4 瓦。之后减弱。一般可用 15 瓦或 25 瓦灯泡，按灯高 2 米，灯与灯的间距为 3 米来计算。

（6）环境卫生　雏鸡体小，抗病力差，饲养密集，一旦感染疾病，难以控制，并且传染快、死亡高、损失大。因此，育雏中必须贯彻预防为主的方针。在实行严格消毒，经常保持环境卫生的同时，还要按时做好各种疫苗的防疫注射工作，定时防疫和消毒制度，并认真贯彻执行。对于育雏室、用具、饲槽等要实行全面清扫消毒，彻底消灭一切病菌。

3. 怎么建造合理的育雏舍？

育雏舍是饲养出壳到 6 周龄雏鸡的专用鸡舍，是雏鸡昼夜生活的小环境，其建筑是否合理，直接影响雏鸡的生长发育。雏鸡体温调节能力差，雏鸡舍建筑的重要特点是有利于保温。建筑育雏舍时应注意房舍要矮些，墙壁要厚，地面干燥，屋顶应设天花板。此外，要注意合理通风，做到既保证空气新鲜，又不影响舍温，若为立体笼育雏，其最上层笼与天花板间的距离应为 1.5 米左右。

育雏舍有开放式和密闭式两种，可根据气候条件、资金状况等选择。对于实行全年育雏的大型鸡场，应选用密闭式育雏舍，即无窗（设应急窗）鸡舍，舍内实行机械通风和灯光照明，通过调节通风量在一定程度上控制舍温及舍内湿度，育雏效果好。于中小型鸡场，尤其气候炎热地区，可采用开放式育雏舍。这种鸡舍应坐北朝南，跨度 5~6 米。高度 2 米左右，舍内采用水泥地面，鸡舍南面设运动场，面积约为房舍面积的 1~2 倍，地面必须排水良好，周围种植树冠高大的落叶乔木，以保持冬暖夏凉，空气新鲜。但如受地方限制，也可不设运动场。

4. 育雏器有哪几类？各适用于那种育雏方式？

育雏器是使雏鸡在育雏阶段处于特定的适宜温度环境下的必需设备，一般分为育雏笼和育雏伞两大类型，前者适用于笼养，后者适用于平养。

（1）育雏笼　标准化规模养殖蛋鸡育雏多使用四层电热育雏笼。四层电热育雏笼由加热笼、保温笼、活动笼三部分组成，各部分之间为独立结构，可以进行各部分的组合，如在温度高或采用全室加温的育雏舍，可专门使用活动笼组，在温度较低的情况下，可适当减少活动笼组数，而增加加热和保温笼组，因此该设备具有较好的适应能力。

总体结构采用四层重叠笼，每层高度333毫米，每笼面积700毫米×1 400毫米，层与层之间有两个700毫米×700毫米的粪盘，全笼总高度1 720毫米。该育雏器的配置常采用一组加热笼、一组保温笼、四组活动笼，外形尺寸为4 400毫米×1 450毫米×1 720毫米，总占地面积6.38米^2，可育15日龄雏鸡1 600只，30日龄雏鸡1 200只，45日龄雏鸡800只，总功率1.95千瓦，并配备料槽40个，饮水器12个，加湿槽4个。

①加热笼组。加热笼组在每层笼的顶部装有350瓦远红外加热板一片，在底层粪盘下部还装有一只辅助电热管，每层均采用乙醚膨胀饼自动控温，并装有照明灯和加湿槽。该笼除一面与保温笼相接外，其他三面基本采用封闭形式，以防热量散失，底部采用底网，以使鸡粪落入粪盘。

②保温笼组。保温笼组使用时必须和加热笼组连接，而在与活动笼组相接的一面装有帆布帘以便保温，同时也可使小鸡自由出入。

③活动笼组。活动笼组没有加热和保温装置，是小鸡自由活动的笼体，主要放有料槽和饮水器，各面均由钢丝点焊的网格组成，并且可以拆卸，底部采用筛网和承粪盘。

（2）育雏伞　也称为伞形育雏器，是养鸡场给幼雏保温广泛使用的常规设备，有电热和远红外热源之分。

① 电热育雏伞。育雏伞以电热做热源，并与温度控制仪配合使用，效果较好。但热源的取材和安装部位的不同，其耗电差异很大。有的育雏伞的电热丝安装于伞罩内，使热量从上向下辐射，而有的育雏伞则是将电热线埋藏于伞罩地面之下，形成温床。根据热传播的对流原理，加热时应将热源放在底部最为合理。

在网上或地面散养雏鸡时，采用电热育雏伞具有良好的加热效果，可以提高雏鸡体质和成活率。电热育雏伞的伞面由隔热材料组成，表层为涂塑尼龙丝伞面。保温性能好，经久耐用。伞顶装有电子控温器，控温范围 0~50℃，伞内装有埋入式远红外陶瓷管加热器，同时设有照明灯和开关。电热育雏伞外形尺寸有直径 1.5 米、2 米和 2.5 米三种规格，可分别育雏 300 只、400 只和 500 只。

② 红外线育雏器。红外线育雏器是使用红外线作为热源的伞形育雏器，分为红外线灯泡和远红外线加热器两种。

红外线灯泡：普通的红外线取暖灯泡，可向雏鸡提供热量。红外线灯泡的规格为 250 瓦，有发光和不发光两种，使用时用 4 个灯泡等距连成一组，悬挂于离地面 40~60 厘米高处，随所需温度调节保温伞的高度。

用红外线灯泡育雏，因温度稳定，垫料干燥，育雏效果良好，但耗电多，灯泡容易老化，以致成本较高。

远红外线加热器：应用远红外加热是 20 世纪 70 年代发展起来的一项新技术。它是利用远红外发射源发出远红外辐射线，物体吸收而升温，达到加热的目的。

③ 新款育雏保温伞。是一种悬挂式新型保温伞，四个面上有风扇，能将热量均匀散发使整个室内整体升温，散热均匀，采用全自动控温设计，使用非常方便，无污染，有条件的养殖户可选择。

5. 常用喂料设备有哪些？

主要有料盘、料桶、料槽等。大型鸡场还采用喂料机。

（1）料盘 料盘适用于雏鸡饲养，有方形、圆形等不同形状。面积大小视雏鸡数量而定，一般每 60~80 只雏鸡配 1 个。圆形开食盘直径 35 或 45 厘米。

（2）料桶　料桶由 1 个圆桶和 1 个料盘构成。圆桶内装上饲料，鸡吃料时，饲料从圆桶内流出。适用于平养中鸡、大鸡。特点是一次可添加大量饲料，贮存于桶内，供鸡只不停采食。料桶材料一般为塑料和镀锌板，可承重 3~10 千克。容量大，可以减少喂料次数，减少对鸡群的干扰，但由于布料点少，会影响鸡群的均匀度；容量小，喂料次数和布料点多，可刺激食欲，有利于增加雏鸡采食量和增重，但增加工作量。

（3）料槽　便于鸡的采食，鸡只不能进入料槽，可防止鸡的粪便、垫料污染饲料。料槽多采用铁皮或木制成。雏鸡用的料槽两边斜，底宽 5~7 厘米，上口宽 10 厘米，槽高 5~6 厘米，料槽底长 70~80 厘米；中鸡或大鸡用料槽，底宽 10~15 厘米，上口宽 15~18 厘米，槽高 10~12 厘米，料槽底长 110~120 厘米。

饲槽的大小规格因鸡龄不同而不一样，育成鸡饲槽应比雏鸡饲槽稍深、稍宽。

6. 鸡群饮水使用乳头水线有哪些优点？

随着家禽养殖业的发展和我国劳动成本的增加，养殖成本不断增加。在规模化养殖不断发展的今天，以乳头水线为主的饮水设备逐步取代了普拉松饮水器、水槽饮水器等费时费力的饮水设备。以乳头水线为例，关注饮水对鸡群健康的重要性。

（1）乳头水线饮水可以节省劳动力　开放式饮水设备如普拉松饮水器、水槽饮水器和杯型饮水器每天都需要清洗和消毒，这些烦琐的工作耽误了饲养员很大一部分时间，而且也比较劳累。乳头水线属于封闭状态，空气中的粉尘不会直接污染饮水，减少了细菌污染的机会，只需定期消毒和冲洗水线。

（2）乳头水线普及的同时也带来了许多问题　乳头饮水水线的普及使用大大节约了人力的同时，也带来了许多问题。以水线水管的藏污纳垢尤其是饮水给药或维生素后造成的细菌滋生和水线的漏水问题最为突出。由于水线是全封闭状态，再加上一些药物的特殊性和电解多维的影响直接为细菌滋生创造了环境条件。水是鸡只生长过程中所必需的组成。为了保证鸡群的健康必须不定期清理水线。

7. 怎样维护保养水线？

当鸡舍有鸡时，水线要定期维护。维修人员要定期检修饮水系统，检修要在晚间进行，不要影响鸡只的生产。水线不平、水线堵塞，要更换；水线乳头安装不合理，漏水，也要更换。消毒水线时确保药物浓度，避免人为过失导致药物残留，造成对鸡只的影响或损坏水线。

（1）调平水线，保持水压平衡　在调平前，首先要保证水线安装合适。如果地面不平坦，就要经常调节饮水系统的高度和平衡度，这是保持水压平衡的关键点。在饲养过程中，水线每周都要调整、调升。建议采用固定水线的钢丝绳到水线的距离为衡量标准，这样保证了水线高度的相对一致，而调升水线时，应以棚架到水线乳头的距离为准。

（2）调整水线压力　根据鸡群生长和日龄变化随时调整水线压力和高度。在育雏期水线压力高度 3 厘米为基础浮动，育成期以 5 厘米为起点调节，产蛋期根据饮水情况实际调整，水线压力高度以水线末端乳头出水连滴为宜。水线压力的高低也随温度的变化而变化，气温升高鸡的饮水量增大，由于鸡没有汗腺依靠喘气散热，同时也减少了水分，所以气温升高适当调高水压。若温度下降，供水量也要随之降低，水线压力也要随着降低。鸡的饮水量基本恒定，若此时供水水压与气温较高时保持一致，会导致饮水器供水过多而弄湿垫料，从而引发其他问题。

（3）注重饮水消毒，保证水质合格　水是鸡群生长发育不可缺少的重要因素，保证饮水的水质合格达标是保证鸡群健康的最基本因素之一。水应该干净、无有机物或其他可疑物质。高质量的饮水是蛋鸡生长发育最基本的条件，饮水应清洁干净，无任何有机物或悬浮物，应监测饮水，确保水质适合饮用，水中没有病原微生物，饮水中不应检测出假单孢菌类，每毫升水样中的大肠杆菌数不得超过 1 个。5%以上的检测水样中不能含有大肠杆菌。如果发现细菌含量较高，应尽快查明原因并采取处理措施。

所处地区饮用水较硬时，会造成饮水器阀门和水管堵塞。所以在水线进水端安装过滤器，过滤器的每周都要清洗，防止过滤器堵塞，导致断水。饮水系统在饮用过维生素、电解多维、水溶性差的药物后，要及时对水线进行高压反冲洗。必要时候可用消毒药浸泡消毒，时间不小于4小时，之后用清水冲洗干净。

保证雏鸡的饮水清洁至关重要。检查饮水加氯系统，确保饮水加氯消毒，开放式饮水系统应保持3毫克/升水平，封闭式系统在系统末端的饮水器处应达到1毫克/升水平。因为育雏舍已经预温，温度较高，因此，在雏鸡到达的前一天，将水线中已经注满的水更换掉，以便雏鸡到场时，水温可达到25℃，而且保证新鲜。

8. 进雏前14天、7天、1天，都有哪些具体工作要做？

（1）进雏前14天　舍内设备尽量在舍内清洗；清理雏鸡舍内的粪便、羽毛等杂物；用高压枪冲洗鸡舍、网架、储料设备等。冲洗原则为：由上到下，由内到外；清理育雏舍周围的杂物、杂草等；并对进风口、鸡舍周围地面用2%火碱溶液喷洒消毒；鸡舍冲洗、晾干后，修复网架等养鸡设备；检查供温、供电、饮水系统是否正常。

初步清洗整理结束后，对鸡舍、网架、储料设备等消毒一遍，消毒剂可选用季铵盐、碘制剂、氯制剂等，为达到更彻底的消毒效果，可火焰喷射消毒地面。如果上一批雏鸡发生过某种传染病，需间隔30天以上方可进雏，且在消毒时需要加大剂量；计算好育雏舍所能承受的饲养能力；注意灭鼠、防鸟。

（2）进雏前7天　将消毒彻底的饮水器、料盘、粪板、灯伞、小喂料车、塑料网等放入鸡舍；关闭门窗，用报纸密封进风口、排风口等，然后用甲醛熏蒸消毒；进雏前3天打开鸡舍，移出熏蒸器具，用次氯酸钠溶液消毒一遍；鸡舍周围铺撒生石灰并洒水，起到环境消毒的作用；调试灯光，可采用60瓦白炽灯或13瓦节能灯，高度距离鸡背部50~60厘米为宜。

准备好雏鸡专用料（开口料）、疫苗、药物（如支原净、恩诺沙星等）、葡萄糖粉、电解多维等；检查供水、照明、喂料设备，确保设备运转正常；禁止闲杂人员及没有消毒过的器具进入鸡舍，等待雏鸡到来。

采购的疫苗要在冰箱中保存（按照疫苗瓶上的说明保存）。

（3）进雏前1天　饲养人员再次检查育雏所用物品是否齐全，比如消毒器械、消毒药、营养药物及日常预防用药、生产记录本等；检查育雏舍温度、湿度能否达到基本要求，春、夏、秋季提前1天预温，冬季提前3天，雏鸡所在的位置能够达到35℃；鸡舍地面洒适量的水，或舍内喷雾，保持合适的湿度。

鸡舍门口设消毒池（盆），进入鸡舍要洗手、脚踏消毒池（盆）；地面平养蛋鸡，铺好垫料。

9. 进雏前怎样搞好设施设备检修？

为了进鸡后各项设备都能正常工作，减少设备故障的发生率，进鸡前第五天开始检修舍内所有设备，主要有以下几项。

（1）供暖设备、烟囱、烟道　要求把供暖设备清理干净，检查运转情况，保证正常供暖；烟囱、烟道接口完好，密封性好，无漏烟漏气现象。

（2）供水系统　主要检查压力罐、盛药器、水线、过滤器。要求压力罐压力正常，供水良好；水线管道清洁，水流通畅；过滤网过滤性能完好；水线上调节高度的转手能灵活使用，水线悬挂牢固、高度合适、接口完好、管腔干净，乳头不堵、不滴、不漏。

（3）检查供料系统　料线完好，便于调整高度，打料正常，料盘完好，无漏料现象。

（4）通风系统　风机电机、传送带完好，转动良好、噪音小；风机百叶完整，开启良好；电路接口良好，线路良好，无安全隐患。

（5）清粪系统　刮粪机电机、链条、牵引绳子、刮粪板完好、结实，运转正常，刮粪机出口挡板关闭良好。

（6）供电系统　照明灯干净明亮、开关完好。其他供电设备完好，正常工作。

（7）鸡舍　门窗密封性好，开启良好，无漏风现象，并在入舍门口悬挂好棉被。

10. 进雏前鸡舍内部需要做好哪些准备?

（1）铺设垫料，安装水槽、料槽 至少在雏鸡到场一周前在育雏地面上铺设 5~7 厘米厚的新鲜垫料，以隔离雏鸡和地板，防止雏鸡直接接触地板而造成体温下降。作为鸡舍垫料，应具有良好的吸水性、疏松性，干净卫生，不含霉菌和昆虫（如甲壳虫等），不能混杂有易伤鸡的杂物，如玻璃片、钉子、刀片、铁丝等。

网上育雏时，为防止鸡爪伸入网眼造成损伤，要在网床上铺设育雏垫纸、报纸或干净并已消毒的饲料袋。

（2）要有足够的育雏面积 育雏期最少需要的饲养面积或长度（0~4 周龄）可参考表 3-3。

表 3-3 育雏期最少需要的饲养面积或长度 （0~4 周龄）

饲养面积：	
垫料平养	11 只 / 米^2
采食位：	
（链式）料槽	5 厘米 / 只
圆形料桶（42 厘米）	8~12 只 / 桶
圆形料盘（33 厘米）	30 只 / 盘
饮水位：	
水槽	2.5 厘米 / 只
乳头饮水器	8~10 只 / 个
钟型饮水器	1.25~1.5 厘米 / 只

（3）正确设置育雏围栏（隔栏）

设置鸡的围栏（隔栏）有很多好处，主要表现如下。

① 一旦鸡群状况不好，便于诊断和分群单独用药，减少用药应激。

② 有利于控制鸡群过大的活动量。

③ 鸡铺隔栏可便于观察区域性鸡群是否有异常现象，利于淘汰残、弱雏。

④ 当有大的应激出现时（如噪音、喷雾等），可减少应激造成的不必要损失。

⑤ 接种疫苗时，小区域隔栏可防止人为造成鸡雏扎堆、热死、压死等现象。

⑥ 做隔栏的原料可用尼龙网或废弃塑料网。高度为 30~50 厘米（与边网同高），每 500~600 只鸡设一个隔栏。

⑦ 可避免鸡的大面积扎堆、压死鸡现象的发生，减少损失。若使用电热式育雏伞，围栏直径应为 3~4 米；若使用红外线燃气育雏伞，围栏直径应为 5~6 米。用硬卡纸板或金属制成的坚固围栏可较好地保护雏鸡不受贼风侵袭，使雏鸡围护在保温伞、饲喂器和饮水器的区域内。

（4）鸡舍要提前预温　雏鸡入舍前，必须提前预温，把鸡舍温度升高到合适的水平，对雏鸡早期的成活率至关重要。提前预温还有利于排出残余的甲醛气体和潮气。育雏舍地表温度可用红外线测温仪测定。

一般冬季育雏时，鸡舍至少提前 3 天（72 小时）预温；夏季至少提前一天（24 小时）。若同时使用保温伞育雏，则建议至少在雏鸡到场前 24 小时开启保温伞，并使雏鸡到场时，保持伞下垫料温度 29~31℃。

使用足够的育雏垫纸或直接使用报纸或薄垫料隔离雏鸡与地板，有利于鸡舍地面、墙壁、垫料等在雏鸡到达前有足够的时间吸收热量，也可以保护小鸡的脚，防止脚陷入网格而受伤。

11. 进雏前怎样搞好全场消毒？

在养鸡生产中，进雏前消毒工作的彻底与否，关系到鸡只能否健康生长发育，所以广大养殖场（户）进雏前应彻底做好消毒工作。

（1）清扫　进雏前 7~14 天，将鸡舍内粪便及杂物清除干净，清扫天棚、墙壁、地面、塑料网等处。

（2）水冲　用高压水枪彻底冲洗鸡舍内部及设施。同时，将鸡舍内所有饲养设备如开食盘、料桶、饮水器等用具都用清水洗干净，再用消毒水浸泡半小时，然后用清水冲洗 2~3 次，放在鸡舍适当位置风干备用。

（3）消毒　待鸡舍风干后，可用 2%~3% 的火碱溶液对鸡舍喷雾消毒。消毒液的喷洒次序应该由上而下，先房顶、天花板，后墙壁、固定设施，最后是地面，不能漏掉被遮挡的部位，喷洒不留空白。注意消毒药液要按规定浓度配制。鸡舍角落及物体背面，消毒药液喷洒量至少是每平方米 3 毫升。消毒后，最好空舍 2~3 周。

墙壁可用 20% 石灰乳加 2% 的火碱粉刷消毒。对鸡舍的墙壁、地面、笼具等不怕燃烧的物品，对残存的羽毛、皮屑和粪便，可用酒精喷灯火焰消毒。如果采用地面平养，应该在地面风干后铺上 7~10 厘米厚的垫料。

（4）熏蒸 在进雏前 3~4 天对鸡舍、饲养设备、鸡舍用具以及垫料进行熏蒸消毒。具体消毒方法是将鸡舍密封好，在鸡舍中央位置，依据鸡舍长度放置若干瓷盆，同时注意盆周围不可堆积垫料，以防失火。对于新鸡舍，可按每立方米空间用高锰酸钾 14 克、福尔马林 28 毫升；污染严重的鸡舍，用量加倍。将高锰酸钾放入盆内，加等量的清水，用木棒搅拌湿润，然后小心地将福尔马林倒入盆内，操作人员迅速撤离鸡舍，关严门窗。熏蒸 24 小时，打开门窗、天窗、排气孔，将舍内气味排净。注意消毒时要使鸡舍温度 20℃以上，相对湿度 70% 左右，这样才能取得较好的消毒效果。在秋冬季节气温寒冷时，在消毒前，应先将鸡舍加温、增湿，再消毒。消毒过的鸡舍应关闭门窗。

12. 优质健康雏鸡应满足哪些基本条件？

优质健康雏鸡必须达到以下基本要求。

（1）体格标准达标 体重和均匀度要控制在适宜的范围之内。

（2）微生物学达标 不携带特定的病原菌。

（3）血清学达标 具有均衡的母源抗体水平。

（4）过程可监督、产品可追溯

（5）全程服务达标

此外，优质雏鸡还必须符合本品种特征，弱雏比例不大于 0.1%，1 周内成活率不低于 99.5%，雏鸡雌雄鉴别率 99%，马立克氏病保护率 98% 以上。

13. 挑选 1 日龄优质雏鸡应从哪几方面着手?

1 日龄雏鸡的挑选,要从以下几个方面进行。

(1)体重达标　出壳体重控制在本品种适宜范围之内,以孵化场抽检为标准(育雏场可根据运输距离远近折算失水率)。

雏鸡体重达标,说明种鸡产种蛋的日龄适宜,孵化场孵化管理过程良好,雏鸡在运输过程中环境舒适。

(2)均匀度达标　雏鸡均匀度 80% 以上。

(3)体长达标　平均体长应控制在 ±2% 以内。体长较高的雏鸡,心脏、肝脏和法氏囊等内脏器官的重量较大,活力较强。

(4)卵黄囊重量达标　1 日龄优质雏鸡的卵黄应保持在体重的 8%~10%。

(5)十项感官标准达标　眼大有神,大小均匀;爪要粗壮,脐无钉印;腰部收紧,颈喙无痕,体无异样,毛色光亮;肛净无便,叫声"洪荒"。

14. 1 日龄雏鸡个体检查的主要内容有哪些?

评价 1 日龄雏鸡的质量,需要感官检查雏鸡,然后做出判断,对雏鸡挑拣分级,并剔除弱雏和病雏。

雏鸡个体检查的主要内容见表 3-4。

表 3-4　1 日龄雏鸡个体检查的主要内容

雏鸡个体的检查内容	健康雏鸡(A 雏)	弱雏(B 雏)
反射能力	把雏鸡放倒,它可以在 3 秒内站起来	雏鸡疲惫,3 秒后才可能站起来
眼睛	清澈,睁着眼,有光泽	眼睛紧闭,迟钝
肚脐	脐部愈合良好,干净	脐部不平整,有卵黄残留物,脐部愈合不良,羽毛上沾有蛋清
脚	颜色正常,不肿胀	跗关节发红、肿胀,跗关节和脚趾变形

（续表）

雏鸡个体的检查内容	健康雏鸡（A雏）	弱雏（B雏）
喙	喙部干净，鼻孔闭合	喙部发红，鼻孔较脏、变形
卵黄囊	胃柔软，有伸展性	胃部坚硬，皮肤紧绷
绒毛	绒毛干燥有光泽	绒毛湿润且发黏
整齐度	全部雏鸡大小一致	超过20%的雏鸡体重高于或低于平均值
体温	体温应在40~40.8℃	体温过高：高于41.1℃，体温过低，低于38℃，雏鸡到达后2~3个小时内体温应为40℃

15. 异常雏鸡有哪些主要表现？

（1）雏鸡绒毛粗而短　雏鸡的绒毛表现比正常的雏鸡又短又粗，缺乏绒毛，这主要由营养不良引起。当种鸡饲养不当，种蛋内多种营养成分同时缺乏或不足时，即可发生，其中又以蛋白质含量过低或品质不良，氨基酸比例失常较常见；胆碱和锰等不足也常见。

（2）雏鸡足肢粗短或畸形　幼雏表现两腿较正常鸡雏短，而且粗，所以有叫"骨短粗症"，此为综合性营养不良引起。

雏鸡脚趾畸形规律性发生，可能是由于遗传，或B族维生素缺乏，或是出雏器温度过高造成。

（3）雏鸡羽毛、皮肤有色素沉着，或伴有干眼病　这主要是维生素A缺乏引起，由于种鸡饲料中维生素A含量不足，种蛋在孵化初期死胚多，能继续发育者生长缓慢。闷死或出壳的幼雏，羽毛与皮肤有色素沉着。有时有干眼病，表现为眼干燥、无光泽。呼吸道、消化道和泌尿生殖器官的上皮可发生角化，雏鸡对传染病的抵抗力明显降低。

（4）雏鸡呈"观星状"　幼雏表现以跗关节和尾部着地，坐着或侧倒头向背后极度弯曲呈角弓反张。原因：一由翻蛋造成；二是由于种鸡的饲料中硫胺素被硫胺酶（新鲜鱼、虾、软体动物的内脏含有）

破坏，造成维生素 B_1 缺乏。

（5）雏鸡腿外张　雏鸡趴伏在地，两腿向身体两侧伸出，像空中飞翔鸟儿的翅膀。主要原因：一是出壳盘太滑，雏鸡两腿在盘中不停划动不易站立，时间长了雏鸡趴伏在地，两腿向外张开；二是孵化器内湿度过大，妨碍了蛋内水分的蒸发，使胚胎受热，又因尿囊的液体蒸发缓慢，水分占据蛋内的空隙，妨碍了胚胎的生长发育。

（6）多条腿雏鸡　雏鸡长有三条腿或四条腿，主要是由种蛋搬运不当及孵化中翻蛋不当造成。

（7）雏鸡跗关节红肿　幼雏的跗关节发红肿胀，由孵化时温度过低造成。

（8）雏鸡脑疝　雏鸡无颅畸形，表现无头皮、无颅骨、脑子裸露等。由孵化时二氧化碳浓度过高或孵化温度过高造成。

（9）雏鸡开脐　幼雏的肚脐愈合不良，由孵化时高温、高湿造成。

（10）雏鸡脐炎　幼雏的肚脐周围有炎性水肿，局部皮下充满胶样浸润及黏液，有时有出血性浸润；病灶附近的腹壁皮下结缔组织水肿。

（11）雏鸡胫部、喙色变红　有时见到雏鸡的胫部发红，多因出雏器温度过高造成；雏鸡的喙色变红，多因雏鸡希望早些脱离高温环境并且试图将头伸出塑料筐的缝隙造成。

16. 挑选好的雏鸡应该怎样运输和接雏?

雏鸡是比较适合运输的动物，因在出雏的 2 天内，雏鸡仍处于后发育状态。实际生产中，经常见，在孵化场内放置 24 小时的雏鸡，看起来比刚出雏不久的雏鸡精神状况更好。雏鸡脐部在 72 小时内是暴露在外部的伤口，72 小时后会自己愈合并结痂脱落。雏鸡卵黄囊重 5~7 克，内含有供雏鸡生命所需的各种营养物质，雏鸡靠它能存活 5~7 天。雏鸡开始饮水、采食越早，卵黄吸收越快。研究显示，青年种母鸡的后代和成年或老龄种母鸡的后代相比，在育雏的温度、尤其是湿度上要得到更好的保证。

雏鸡的接运是一项技术性强的细致工作，要求迅速、及时、安全、舒适到达目的地。

（1）接雏时间　雏鸡出壳后 1 小时即可运输。一般在雏鸡绒毛干燥可以站立至出壳后 36 小时前这段时间为佳，最好不超过 48 小时，以保证雏鸡按时开食、饮水。

（2）装运工具　运雏时最好选用专门的运雏箱或运雏盒（如硬纸箱、塑料箱、木箱等），规格一般为 60 厘米 × 45 厘米 × 20 厘米，内分 4 个格，箱壁四周适当设通气孔，箱底要平而且柔软，箱体不得变形。在运雏前要注意雏箱的清洗消毒，根据季节不同，每格放 20~25 只雏鸡，每箱可装 80~100 只雏鸡。也可用专用塑料筐。运输工具可选用车、船、飞机等。

（3）装车运输　主要考虑防止缺氧闷热造成窒息死亡或寒冷冻死，防止感冒拉稀。将运雏箱装入车中，箱间要留有间隙，码放整齐，防止运雏箱滑动，确保通风。夏季运雏要注意通风防暑，避开中午运输，防止烈日暴晒发生中暑死亡。冬季运输要注意防寒保温，防止感冒及冻死，同时也要注意通风换气，不能包裹过严，防止闷死。春、秋季节运输气候比较适宜，春、夏、秋季节运雏要备有防雨用具。如果天气不适而又必须运雏时，则要加强防护措施，在途中还要勤检查，观察雏鸡的精神状态是否正常，以便及时发现问题，采取措施。无论采用哪种运雏工具，都要做到迅速、平稳，尽量避免剧烈震动，防止急刹车，尽量缩短运输时间，以便及时开食、饮水。

（4）接雏程序

① 不论春夏秋冬，要在进雏前 1~2 天预温鸡舍，接雏时鸡舍温度 28~30℃即可，放完鸡后，再慢慢升至规定温度。

② 雏鸡运到鸡场后，要迅速卸车。雏鸡盒放到鸡舍后，不能码放，要平摊在地上，同时要随手去掉雏鸡盒盖，并在半小时内将雏鸡从盒内倒出，散布均匀。

③ 有的客户在接到雏鸡后要检查质量和数量，最好把要检查的雏鸡盒卸下车，并摊开放置，再指派专人去查。不能在车内抽查或在鸡舍内全群检查，这样往往会造成热应激而得不偿失。雏鸡临界热应激温度是 35℃，研究显示，夏季运雏车停驶 1 分钟，雏鸡盒内温度升高 0.5℃。

笼养育雏将雏鸡装入笼内称为上笼。开始上笼时幼雏很小，为便于集中管理，多层笼育的可将雏鸡放在温度较高又便于观察的上面一二层，上笼时先装入健雏，弱雏另笼养育。平面育雏的按育雏器的容鸡数将健雏均匀放入每一栏，弱雏单独养育。雏鸡安放好后，保持舍内安静，观察鸡群状态和睡眠情况，同时将途中死亡和淘汰雏鸡拿到舍外妥善处理，将雏鸡箱搬出育雏舍，集中烧毁。

17. 育雏的方式有哪些?

育雏的方式可分为平面和立体育雏两大类。

（1）平面育雏　只在室内一个平面上养育雏鸡的方式，主要分为地面平养和网上育雏。

① 地面平养。采用垫料，将料槽（或开食盘）和饮水器置于垫料上，用保温伞或暖风机送热或生炉子供热，雏鸡在地面上采食、饮水、活动和休息。

地面平养简单直观，管理方便，特别适宜农户饲养。但因雏鸡长期与粪便接触，容易感染某些经消化道传播的疾病，特别易暴发球虫病。地面平养占地面积大，房舍利用不经济，供热中消耗能量大，选择准备垫料工作量大。所以农户趋于采用网上平养。

② 网上育雏。即是用网面代替地面来育雏。一般情况网面距地面高度随房舍高度而定，多为 60~100 厘米。网的材料最好是铁丝网，也可是塑料网。网眼大小以育成鸡在网上生活适宜为宜，网眼一般为 1.25 × 1.25 厘米。

网上育雏的优点是可节省大量垫料；雏鸡不与粪便接触，减少疾病传播的机会。但同时因鸡不与地面接触，也无法从土壤中获得需要的微量元素，所以提供给鸡的营养要全价足量，不然易产生营养缺乏症。由于网上平养育雏的饲养密度比地面平养增加 10%~15%，故应注意舍内的通风换气，以便及时排出舍内的有害气体和多余的湿热，加热方式用热水管或热风，也可用前面所述各种热源。

（2）立体育雏　也称笼养育雏，就是用多层育雏笼或多层育雏育成笼养育雏鸡。育雏笼一般 3~5 层，多采用叠层式。随着饲养方式的规模化、集约化，现代养鸡场一般都采用立体育雏。每层笼子四周用铁丝、竹竿或木条制成栅栏。饲槽和饮水器可排列在栅栏外，雏鸡通过栅栏吃食、饮水，笼底多用铁丝网或竹条，鸡粪可由空隙掉到下面的承粪板上，定期清除，或通过传送带直接清除。育雏室的供温一般采取整体供暖。

立体育雏除具备网上育雏的优点和缺点外，就是能更有效地利用育雏室的空间，增加育雏数量，充分利用热源，降低劳动强度，容易接近和观察鸡群，可有效控制鸡白痢和球虫病的发生与蔓延。当然立体育雏需较高的投资，对饲料和管理技术要求也更高。

18. 0~42 日龄蛋雏鸡饲养管理的总体目标是什么？

0~42 日龄称为育雏期，是培育优质蛋鸡的初始和关键阶段，需要通过细致、科学的饲养管理，培育出符合品种生长发育特征的健壮合格鸡群，为以后产蛋阶段生产潜能的充分发挥打下良好基础。0~42 日龄雏鸡饲养管理的总体目标如下。

① 鸡群健康，无疾病发生，育雏期末存活率在 99.0% 以上。

② 体重周周达标，均匀度 85% 以上，体型发育良好。

③ 育雏期末，新城疫抗体均值达到 6log2，禽流感 H5 抗体值 5log2、H9 抗体值 6log2，抗体离散度 2~4，法氏囊阳性率达到 100%。

19. 如何做好雏鸡的饮水管理？

饮水管理的目标是：保证饮水充足、清洁卫生。

（1）初饮　雏鸡到达后要先饮水后开食。初饮最好选择 18~20℃ 的温开水。初饮时要仔细观察鸡群，对没有喝到水的雏鸡及时调教。

雏鸡卵黄囊内各种营养物质齐全（包括水），能保证雏鸡 3 天内正常生命活动需要，所以不要担心雏鸡在运输途中脱水，在最初 1~2 天的饮水中添加电解质、维生素或所谓开口药是多此一举，也没有必要。除非雏鸡出雏超过 72 小时或在运输途中超过 48 小时，且又长时间处在临界热应激温度中，在接雏后的第 2 遍饮水中，可添加一些多维、电解质，每次饮水 2 小时为限，每天一次，2 天即可，如果雏鸡已开食了，就不需要了。

如果不喂开口药心里不踏实，或者为了净化雏鸡肠道内的大肠杆菌和沙门氏菌，预防白痢和脐炎发生，提高成活率，也可选择抗生素类药物作为开口药。但是，要在说明书推荐用量的基础上，再加倍对水稀释，而非加倍加药，每天喂的时间不应超过 2 小时，喂 2 天即可。雏鸡开口药禁用喹诺酮类药物（如氧氟沙星、环丙沙星、诺氟沙星等）。此类药物损害雏鸡的骨骼，影响生长发育，严重者可造成雏鸡瘫腿，且氧氟沙星、诺氟沙星等已于 2016 年 12 月 31 日禁用。氯霉素及磺胺类药物（如氟苯尼考、甲砜霉素等）可抑制母源抗体，用了这类药物可导致过早出现新城疫和法氏囊，不宜作为开口药使用。氨基糖苷类药物（如庆大霉素、卡那霉素等），这类药物有肾毒性，此类药物损害雏鸡的肾脏和神经系统，也不宜作为开口药使用。

近年来，雏鸡因喂开口药中毒事件很多。原因：① 由于竞争激烈，药厂为增加卖点，把电解质、维生素与抗生素混合在一起，这种含抗生素少、含食盐、葡萄糖多的混合制剂价格便宜，诱惑性大；② 这种混合制剂当抗生素用没什么效果。通过药厂的宣传，养殖户拿它当药用，并且习惯于加大剂量；③ 说明书模糊不清，夸大药效，没有考虑到雏鸡在最初几天内是全天光照、饮水、喂料。

（2）饮水工具　前 3~4 天使用真空饮水器，逐渐过渡到乳头饮水器。要及时调整饮水管高度，一般 3~4 天上调一次，保证雏鸡饮水方便。

（3）饮水卫生　使用真空饮水器时每天清洗 1 次，饮水管应半个月冲洗消毒 1 次。建议建立饮水系统清洗、消毒记录。

20. 怎样做好雏鸡的喂料管理？

喂料管理的总体要求是：营养、卫生、安全、充足、均匀。

（1）饲料营养　开食时选择营养全面、容易消化吸收的饲料，建议前 10 天饲喂幼雏颗粒料，11~42 天饲喂雏鸡开食料。

（2）雏鸡开食　开食时饲喂强化颗粒料，每次每只鸡喂 1 克料，每 2~3 小时喂一次，将料潮拌后均匀地撒到料盘上。第 4 天开始使用料槽，使用料槽后应注意：及时调整调料板的高度，方便雏鸡采食；每天饲喂 2~4 次，至少匀料 3~4 次，保证每只鸡摄入足够的饲料，开灯时需匀一遍料，喂料不均匀易造成个别鸡发育不好。

（3）饲料储存　饲料要储存在干燥、通风良好处，定期清理储料间，防止饲料发霉、污染和浪费。

（4）监测和记录鸡群的日采食量 详细了解鸡群的采食情况（雏鸡的采食量可参考表3-5）。

表3-5 蛋用型雏鸡饲料需要量

周龄	每天每只料量（克）	每周每只料量（克）	累计料量（千克）
1	10	70	0.07
2	18	126	0.19
3	26	182	0.38
4	33	231	0.60
5	40	280	0.88
6	47	329	1.21
7	52	364	1.58
8	57	399	1.98
9	61	427	2.40
10	64	448	2.58
11	66	462	3.31
12	67	469	3.78
13	68	476	4.26
14	69	483	4.74
15	70	490	5.23
16	71	497	5.73
17	72	504	6.23
18	73	517	6.75
19	75	525	7.27
20	77	539	7.81

21. 怎样搞好雏鸡的光照管理？

科学正确的光照管理，能促进后备鸡骨骼发育，适时达到性成熟。对于初生雏，光照主要影响其对饲料的摄取和休息。雏鸡光照的原则是：让雏鸡快速适应环境、避免产生啄癖。

出壳头 3 天雏鸡的视力弱，为了保证采食和饮水，一般采用 24 小时光照，也可 23 小时连续光照，1 小时黑暗的办法，以便使雏鸡能适应万一停电时的黑暗环境。第 1 周光照强度 20 勒克斯以上，可以使用 60 瓦白炽灯。从第 4 天起光照时间每天减少 1 小时。为防止啄癖发生，2~3 周龄后光照强度要逐渐过渡到 5 勒克斯（5 瓦节能灯）。

22. 怎样控制和管理育雏舍的温度？

适宜的温度是保证雏鸡健康和成活的首要条件。育雏期温度不平稳或者出现冷应激，会降低鸡群的免疫力，进而诱发感染多种疾病，造成死淘率增高或进入产蛋期后难以实现鸡群产蛋上高峰。因此育雏期温度是否稳定是雏鸡群健康的基础，育雏阶段做好鸡群的温度控制对于预防疾病的发生具有非常重要的意义。

温度设定应符合鸡群生长发育需要，通过鸡舍通风和供暖设备的控制，实现对鸡舍温度的调控，保证温度的适宜、稳定和均匀。

（1）鸡舍温度符合雏鸡生理需求 雏鸡所需的适宜温度随着日龄的增加而逐渐降低，育雏前 3 天温度 35~37℃，以后每周下降 2℃，最终稳定在 22~25℃。第 1 周龄适宜的湿度为 55%~65%；第 2 周 50%~65%；第 3 周龄以后保持 55% 左右（表 3-6）。

表 3-6 推荐育雏期舍内适宜的温湿度标准

饲养阶段（日龄）	温度（℃）	相对湿度（%）
1~3	35~37	50~65
4~7	33~35	50~65
8~14	31~33	50~65
15~21	29~31	50~55
22~28	27~29	40~55
29~35	25~27	40~66
36~42	23~25	40~55

育雏鸡舍温度设置程序可参考表 3-7。

表 3-7　推荐温度设置程序　　　　　　（℃）

日龄	目标	加热	冷却
1	38	37.5	38.5
4	34.5	34	35
8	32.5	32	33
15	30.5	30	31
22	28.5	28	29
29	26.5	26	27
36	25	24.5	25.5

（2）不同育雏法的温度管理

① 温差育雏法。就是采用育雏伞作为育雏区域的热源育雏。前3天，在育雏伞下保持 35℃，此时育雏伞边缘有 30~31℃，而育雏舍其他区域只需要 25~27℃。这样，雏鸡可根据自己的需要，在不同温层下进进出出，有利于刺激其羽毛的生长，将来脱温后雏鸡将很强壮并且很好养。

随着雏鸡的长大，育雏伞边缘的温度应每 3~4 天降 1℃左右，直到 3 周龄后，基本降到与育雏舍其他区域的温度相同（22~23℃）即可。此后，可以停止使用育雏伞。

雏鸡的行为和鸣叫声将表明鸡只舒适的程度。如果育雏期内雏鸡过于喧闹，说明鸡只不舒服。常见的原因是温度不适宜。

育雏伞下温度是否合适，可通过观察雏鸡的分布情况来判断。

受冷应激时，雏鸡会堆挤在育雏伞下，如育雏伞下温度太低，雏鸡就会堆挤在墙边或鸡舍支柱周围，雏鸡也会乱挤在饲料盘内，肠道和盲肠内物质呈水状和气态，排泄的粪便较稀且出现糊肛现象。育雏前几天，因育雏温度不够而受凉，会导致雏鸡死亡率升高、生长速率降低（体重最低要超过 20%）、均匀度差、应激大、脱水以及较易发生腹水症的后果。

受热应激时，雏鸡会俯卧在地上并伸出头颈张嘴喘气。雏鸡会寻求舍内较凉爽、贼风较大的地方，特别是远离热源沿墙边的地方。雏鸡会拥挤在饮水器周围，使全身湿透。饮水量会增加。嗉囊和肠道会由于过多的水分而膨胀。脱水可致死亡率高，出现矮小综合征和鸡群均匀度差；饲料消耗量降低，导致生长速率和均匀度差；最严重的情况下，由于心血管衰竭（猝死症）的死亡率较高。

②整舍取暖育雏法。与温差育雏法（也叫局域加热育雏法）不同的是，整舍取暖育雏法采用锅炉作为热源，在舍内通过暖气片（或热风机）；或者采用热风炉作为热源供暖。因此，整舍取暖育雏法也叫中央供暖育雏法。

由于不使用育雏伞，鸡舍内不同区域没有明显的温差，所以利用雏鸡的行为作温度指示有点困难。这样雏鸡的叫声就成了雏鸡不适的仅有指标。只要给予机会，雏鸡愿意集合在温度最适合其需要的地方。在观察雏鸡的行为时要特别小心。雏鸡可能集中在鸡舍内的某个地方，显示出成堆集中的现象，但别以为这就是因为鸡舍内温度过低的缘故，有时候，这也可能是因为鸡舍其他地方太热了。一般来说，如果雏鸡均匀分散，就表明温度理想。

在采用整舍取暖育雏时，前3天，在育雏区内，雏鸡背部高度的温度应保持在29~31℃。温度计（或感应计）应放在离地面6~8厘米的位置，这样才能真实反映雏鸡所能感受的真实温度。以后，随着雏鸡的长大，在雏鸡高度的温度应每3~4天降1℃左右，直到3周龄后，基本降到21~22℃即可。

以上两种育雏法的育雏温度可参考表3-8执行。

表3-8　不同育雏法育雏温度参考值　　　　　（℃）

整舍取暖育雏法		温差育雏法		
日龄	鸡舍温度	日龄	育雏伞边缘温度	鸡舍温度
1	29	1	30	25
3	28	3	29	24
6	27	6	28	23
9	26	9	27	23
12	25	12	26	23
15	24	15	25	22

（续表）

整舍取暖育雏法		温差育雏法		
日龄	鸡舍温度	日龄	育雏伞边缘温度	鸡舍温度
18	23	18	24	22
21	22	21	23	22

（3）看鸡施温 "看鸡施温"对于育雏来说非常重要。由于鸡群饲养密度、鸡舍结构、鸡群日龄不同和外界气候复杂多变，一个程序并不能适合每批鸡，不能适合每个饲养阶段，需要根据鸡群的实际感受及时调整。尤其在外界天气突然变化和免疫接种后，雏鸡往往会有所反应，作为饲养人员应仔细观察鸡群变化。

23. 怎样从源头上控制好育雏舍温度？

（1）进鸡顺序 上述温度标准以日龄最小的栋为主，进鸡顺序为按照距离锅炉房由远到近的顺序。

（2）制定供暖设备温度管理程序 要制定切合实际的供暖设备温度管理程序（表3-9）。供暖的稳定性直接影响鸡舍温度的稳定，最好采用自动控温锅炉或者加热器，降低人为因素造成的温度波动，而且可以显著降低人员劳动强度。

表3-9 推荐供暖设备温度管理程序

进鸡时间	锅炉回水温度（℃）	一天内温差
第一周	55~50	锅炉温度一天变化≤5℃，鸡舍一天变化≤1℃
第二周	55~52	
第三周	52~49	
第四周	49~46	
第五周	46~43	
第六周	43~40	

24．怎样保证育雏舍温度空间上的均匀？

通过对各组暖气、通风方式的调控，以及对鸡舍漏风部位的管理，实现鸡舍不同位置温度的均匀一致。标准是鸡舍各面、上下温度在 0.5℃之内，前后温差在 1℃之内。每栋鸡舍悬挂 8 块以上温度计，每天记录各部位温度值，出现温差超过标准时及时反馈和调整；并且在每次调整暖气、风机、进风口后关注各点温度变化。

常见的温度不均匀的原因见表 3–10。

表 3–10　温度不均匀的原因分析

内容	原因分析
前面温度低	门板缝隙漏风；操作间漏风；前面窗户开得多
前面温度高	暖气开得多；前面窗户开得多
后面温度低	风机开的时间长；窗户开的大；后面窗户开的多；后面粪沟、后门、风机漏风
后面温度高	风机开的时间短；窗户开得小；后门窗户关得多
上下温差大	暖气开得少；风吹不到中间
各面温度不匀	暖气开启不合理；通风不均

（1）漏风部位及时补救，确保鸡舍密闭性　在进鸡前修补鸡舍粪沟的插板，粪沟外安装帘子；用胶条密封门板缝隙较大的地方，鸡舍的前门、后门悬挂门帘，以此来阻挡贼风；对于暂不使用的风机，入口处用泡沫板密封。通过以上措施达到既可保温、又可阻挡贼风的目的。

（2）进鸡之前测定各栋风机的转速　检查风机的皮带是否松弛；实测各鸡舍的风机转速，因为由于风机设备的老化、磨损，各栋的风机转速稍有差异，也会导致各鸡舍的温度不一致。

（3）进鸡前，维修侧墙的进风口　目的是将冷空气喷射到鸡舍中央天花板附近，充分与舍内的热空气混合均匀后吹向鸡群。可在进鸡之前，固定各栋小窗松动；校对小窗导流板的角度，确保每个小窗的开启大小一致。

上述两项在鸡舍整理的过程中易被忽略。小窗的松动会导致进风口风向的改变，喷射不到鸡舍中央天花板，再加之小窗导流板的角度不一致，导致凉风吹过中央天花板直接落到对面，冷风直接吹向鸡群，容易受到冷应激。

（4）校对舍内温度计，使其显示的温度准确　实际生产管理中，生产管理者往往忽略上述事项。而正是温度计不能准确地显示温度，造成判断失误，对鸡群健康造成危害。

规模化育雏场，采用供暖设备集中供暖，通过控制锅炉温度实现鸡舍温度稳定，是实现雏鸡前期健康的一个好的方法。在进雏前，为供暖设备制定一个温度程序，对风机转速、鸡舍密闭性、窗户开启大小、导流板角度进行全面检查，及时维修，确保育雏温度适宜、均匀和稳定，为雏鸡群健康打好基础。

25. 怎样管理育雏的湿度?

湿度是创造舒适环境的另一个重要因素，适宜的湿度和雏鸡体重增长密切相关。湿度管理的目标是：前期防止雏鸡脱水；后期防止呼吸道疾病。舍内湿度合适时，人感到湿热、不口燥，雏鸡胫趾润泽细嫩，活动后无过多灰尘。

雏鸡进入育雏舍后，必须保持适当的相对湿度，最少55%。不同的相对湿度下需达到相对应的温度（表3-11）。寒冷季节，当需要额外的加热，假如有必要，可以安装加热喷头，或者在走道泼洒些水，效果较好；当湿度过高时，可使用风机通风。

表3-11　在不同的相对湿度下达到标准温度所对应的干球温度

日龄（天）	目标温度（℃）	相对湿度（%）	不同相对湿度下的温度（℃）			
			理想			
		范围	50%	60%	70%	80%
0	29	65~70	33.0	30.5	28.6	27.0
3	28	65~70	32.0	29.5	27.6	26.0
6	27	65~70	31.0	28.5	26.6	25.0
9	26	65~70	29.7	27.5	25.6	24.0

（续表）

日龄（天）	目标温度（℃）	相对湿度（%）范围	不同相对湿度下的温度（℃）理想			
			50%	60%	70%	80%
12	25	60~70	27.2	25.0	23.8	22.5
15	24	60~70	26.2	24.0	22.5	21.0
18	23	60~70	25.0	23.0	21.5	20.0
21	22	60~70	24.0	22.0	20.5	19.0

26. 怎样管理育雏舍通风？

风速适宜、稳定，换气均匀。保证鸡舍内充足的氧气含量；排热、排湿气；减少舍内灰尘和有害气体的蓄积。

① 0~4周龄，以保温为主、通风为辅，确保鸡群正常换气；5周龄以后以通风为主，保温为辅。以鸡群需求换气量为基础，做好进气口和排风口的匹配。

② 育雏前期，采用间歇式排风，安排在白天气温较高时进行，通风前要先提高舍温1~2℃。

③ 进风口要添加导流装置，使进入鸡舍的冷空气充分预温后均匀吹向鸡群；杜绝漏风，防止贼风吹鸡；检查风速，前4周风速不能超过0.15米/秒，否则容易吹鸡造成发病。

27. 怎样管理育雏期体重？

育雏期要求体重周周达标，均匀度80%以上，变异系数在0.8以内。

育雏期各阶段鸡的体重和均匀度是衡量鸡群生长发育的重要指标，应重点做好雏鸡体重测量工作。

（1）称测时间　从第1周龄开始称重，每周称重1次，每次称测时间应固定，在上午鸡群空腹时进行。

（2）选点　每次称测点应固定，称测时每层每列的鸡笼都应涉及，料线始末的个体均应称重。

（3）措施　体重称测后，如果出现发育迟缓、个体间差异较大等问题，应立即查找原因，制定对策使其恢复成正常鸡群。对不同体重的鸡群采用不同的饲喂计划，促进鸡群整体均匀发育。

28. 如何给雏鸡断喙？

导致啄癖的原因有很多，如日粮不平衡、饲养密度过大、温度过高、通风不良、光照强、断水或缺料等，除克服以上问题外，目前防止啄癖普遍采用的主要措施就是断喙。断喙既可防止啄癖，又节约饲料，促进雏鸡的生长发育。一般两次断喙，6~9日龄第一次断喙，此时断喙对雏鸡的应激小，若雏鸡状况不太好时可以往后推迟。断喙时，将上喙断去1/2~2/3（指鼻孔到喙尖的距离），下喙断去1/3，呈上短下长状。具体方法：待断喙器的刀片烧至褐红色，用食指扣住喉咙，上下喙同时断，断烙的时间为1~2秒；若发现有的个别鸡断后出血，应再行烧烙。

第二次断喙在青年鸡转入鸡笼时，对第一次断喙时个别不成功的鸡再修整一次。断喙后料槽应多添饲料，以免雏鸡吃食到槽底，创口疼痛，为避免出血，可在每千克饲料中添加2毫克维生素K。

在给雏鸡断喙时应注意：鸡群受到应激时不断喙，如刚接种过疫苗的鸡群等，待恢复正常时断喙；用磺胺类药物时不断喙，否则易引起流血不止；在断喙前后一天饲料中可适当添加维生素K（4毫克/千克）有利于凝血；断喙后2~3天内，料槽内饲料要加得满些，以利雏鸡采食，减少碰撞槽底，断喙后要供应充足的清凉饮水，加强饲养管理；断喙时应注意不能断得过长或将舌尖断去，以免影响雏鸡采食。

29. 加强雏鸡的日常管理，应重点关注那些问题？

（1）检查雏鸡的健康情况

① 经常检查饲槽、水槽（饮水器）的采食饮水位置是否够用，规格是否需要更换，并通过喂料的机会，观察雏鸡对给料的反应、采食的速度、争抢的程度、饮水的情况，以了解雏鸡的健康情况。一般雏鸡减食或不食有以下几种情况：饲料质量下降，饲料品种或喂料方法突然更换；饲料发霉变质或有异味；育雏温度经常波动，饮水供给不足或饲料中长期缺少砂粒等；鸡群发生疾病等。

②　经常观察雏鸡的精神状态，及时剔除鸡群中的病、弱雏，病、弱雏常表现出离群、闭眼呆立、羽毛蓬松不洁、翅膀下垂、呼吸有声等。经常检查鸡群中有无恶癖，如啄羽、啄肛、啄趾及其他异食等现象，检查有无瘫鸡、软脚等，以便及时判断日粮中营养是否平衡。

③　每天早晨要注意观察雏鸡粪便的颜色和形状，以便于判定鸡群是否健康或饲料的质量。雏鸡正常的粪便应该是：刚出壳尚未采食的幼雏排出的胎粪为白色和深绿色稀薄液体，采食以后便呈圆柱形、条状、颜色为棕绿色，粪便的表面有白色的尿酸盐沉着，有时早晨单独排出盲肠内的粪便呈黄棕色糊状，这也属于正常粪便。

病理状态的粪便可能有以下几种情况：肠炎腹泻，排出黄白色、黄绿色附有黏液、血液等的恶臭粪便（多见于新城疫、禽霍乱、禽伤寒等急性传染病时）；尿酸盐成分增加，排出白色糊状或石灰浆样的稀粪（多见于雏鸡白痢、传染性法氏囊等）；肠炎、出血、排出棕红色、褐色稀便，甚至血便（多见于球虫病）等。

④　采用立体笼育的要经常检查有无跑鸡、别翅、卡脖、卡脚等现象。要经常清洁饲料槽，每天冲洗饮水器，垫料勤换勤晒，保持舍内清洁卫生。保持空气新鲜，无刺激性气味。

（2）适时分群　由于雏鸡出壳有迟有早，体质有强有弱，开食有好有坏以及疾病等的影响，使雏鸡生长有快有慢、参差不齐，必须及时将弱小的雏鸡分群管理，使其生长一致，提高成活率。按时接种疫苗，检查免疫效果。

（3）定期称重

①　各育种公司都制定了自己商品鸡的标准体重（表3-12），如果雏鸡在培育过程中，各周都能按标准体重增长，就可能获得较理想的生产成绩。

表3-12　商品蛋鸡标准体重与日采食量　　　　　　（克）

周龄	周末体重	日采食量
1	75	12
2	125	18
3	195	24

（续表）

周龄	周末体重	日采食量
4	275	32
5	365	42
6	450	44

② 测重和记录体重增长情况和采食量的变化，是饲养管理好坏及鸡群是否健康的一个反映。每日必须记录采食量，每一、二周必须抽测一次雏鸡的体重。一般在周末的下午两点或在空腹时称重，可将鸡群围上100~200只或抽测鸡群的3%~5%，逐只称重，这样可以随时掌握鸡群的情况（表3-13）。

表3-13　海兰褐壳蛋鸡育雏期给料量与体重指标　　　（克）

周龄	日耗量	累计	体重
1	13	91	55
2	20	231	105
3	25	406	170
4	29	609	260
5	33	840	360
6	37	109 9	480

③ 雏鸡由于长途运输、环境控制不适宜、各种疫苗的免疫、断喙、营养水平不足等因素的干扰，一般在育雏初期较难达到标准体重。除了尽可能地减轻各种因素的干扰，减少雏鸡的应激外，必要时可提高雏鸡料的营养水平，而在雏鸡体重没达到标准之前，即使过了6周龄，也应使用营养水平较高的育雏鸡料。

表3-14中所列中型蛋雏鸡的标准体重和采食量，在育雏时可以用来参考雏鸡喂料的标准，不同品种，饲料营养不同喂料量不同，如果饲料营养水平稍低或是在冬季，雏鸡的日采食量应该大于以上数据。

定期称测50~100只雏鸡，取其平均数与标准体重对比，若相差太大，应及时查明原因，采取措施，保证雏鸡正常生长发育。

表 3-14　中型蛋雏鸡的体重标准与日采食量

周	周末体重（克）	日采食量（克）	累计采食量（千克）
1	70	10	0.7
2	140	18	0.2
3	200	26	0.38
4	300	33	0.61
5	380	37	0.87
6	470	41	1.15

注：饲料代谢能 2 900 千卡／千克，粗蛋白 19.0%

30. 育雏期要做好哪些统计与记录工作？

（1）进雏时 （公母）雏鸡来源、品种、进雏数量、进雏时间、健康状况（包括母源抗体情况以及死淘情况）。

（2）饲养期间

①生长日报记录。

②周末称重记录。

③周体重曲线。

④育雏期生长汇总统计。

⑤舍温度、湿度情况记录。

⑥周用料统计。

⑦周用药、免疫记录。

⑧转群记录。

⑨新城疫、禽流感抗体监测记录。

⑩生产人员进出记录。

31. 判断育雏成绩有哪些标准？

（1）育成率是个重要指标　良好的鸡群应该有 95% 以上的育雏成活率，但它只表示了死淘率的高低，不能体现培育出的雏鸡质量。

（2）检查平均体重是否达到标准体重，能大致反映鸡群的生长情

况 良好的鸡群平均体重应基本上按标准体重增长，但平均体重接近标准的鸡群中也可能有部分鸡体重小，而又有部分鸡超标。

（3）检查鸡群的均匀度 鸡群的均匀度是检查育雏好坏的重要指标之一。如果鸡群的均匀度低则必须追查原因，尽快采取措施。鸡群在发育过程中，各周的均匀度是变动的，当发现均匀度比上一周差时，过去一周的饲养过程中一定有某种因素产生了不良的影响，及时发现问题，可避免造成大的损失。

（4）耗料量 每只鸡要求耗料量在1.8千克±10%。

以上这四项指标也可以作为生产指标应用于管理之中，若超标则奖低标则罚。这种生产指标承包式管理可以激发全体员工工作的积极性和创造性。

32. 蛋鸡育雏失败的原因主要有哪些？

（1）第一周死亡率高

① 细菌感染。多由种鸡垂直传染，或种蛋保管过程及孵化过程中卫生管理上的失误引起。为避免这种情况造成较大损失，可在进雏后正确投服开口药。

② 环境因素。第一周的雏鸡对环境的适应能力较低，温度过低鸡群扎堆，部分雏鸡被挤压窒息死亡，某段时间在温度控制上的失误，雏鸡也会腹泻得病。因此，要加强环境控制。

（2）体重落后于标准

① 有些种鸡公司在制定某一品种蛋鸡的体重标准时，往往都比较高，育雏期间多次免疫，还要断喙，应激因素太多，所以难以完全按标准体重增长。

② 体重落后于标准太多时应多方面追查原因。

饲料营养水平太低。

环境管理失宜：育雏温度过高或过低都影响采食量，活动正常的情况下，温度稍低，雏鸡的食欲好，采食量大。舍温过低，采食量会下降，并能引发疾病。通风换气不良，舍内缺氧时，鸡群采食量下降，从而影响增重。

鸡群密度过大：鸡群内秩序混乱，生活不安定，情绪紧张，长期生活在应激状态下，影响生长速度。

照明时间不足，雏鸡采食时间不足。

（3）雏鸡发育不齐　①饲养密度过大，生活环境恶化。②饮食位置不足。群体内部竞争过于激烈，使部分鸡体质下降，增长落后于全群。③疾病的影响。感染了由种鸡带来的白痢、支原体等病或在孵化过程被细菌污染的雏鸡，即使不发病，增重也会落后。

（4）饲养环境控制失误　如局部地区温度过低，部分雏鸡睡眠时受凉或通风换气不良等因素，产生严重应激，生长会落后于全群。

（5）断喙失误　部分雏鸡喙留得过短，影响采食导致增重受阻，所以断喙最好由技术熟练的工人操作。

（6）饲料营养不良　饲料中某种营养素缺乏或某种成分过多，造成营养不平衡，由于鸡个体间的承受能力不同，增长速度会产生差别。即使是营养很全面的饲料，如果不能使鸡群中的每个鸡都同时采食，那么先采食的鸡抢食大粒的玉米、豆粕等，后采食的鸡只能吃剩下的粉面状饲料，由于粉状部分能量含量低、矿物质含量高，营养不平衡，自然影响增重，使体重小的鸡越来越落后。

（7）未能及时分群　如能及时挑出体重小、体质弱的鸡，放在竞争较缓、更舒适的环境中培养，也能逐步赶上大群的体重。

33. 雏鸡死淘率高的原因有哪些？怎样应对？

雏鸡死淘率高，关键是饲养管理存在疏漏。开始几周的死淘率特征可以清晰地反映出饲养管理的质量。前3天的死淘率与1日龄雏鸡的质量高度相关。3天以后的死淘率就取决于饲养管理水平。小鸡的泄殖腔周围羽毛肮脏，说明曾经遭受应激。这个问题在本饲养周期无法补救。对这批鸡，应尽量减少应激造成的损失，并争取在下一批鸡的饲养过程中有针对性的改进。

每日死淘率高，可提示以下管理不良信号。

（1）育雏设备简陋，温度掌握不好　"育雏如育婴"，保温是关键。鸡胚在孵化期间的环境温度高达38℃，刚出壳的雏鸡由于身体弱小，绒毛稀短，体温调节机能不健全，如果环境温度骤然猛降，雏鸡就会因缺乏御寒能力而感冒、拉稀，甚至挤堆压死。

（2）饲料单一，营养不足　育雏时如果不使用全价饲料，营养不足，不能满足雏鸡生长发育需要，雏鸡生长缓慢，体质弱，易患营养缺乏症及白痢、气管炎、球虫等各种病而导致死淘率过高。

（3）不注重疾病防治　防疫不及时，漏免，防治工作做不好，容易造成雏鸡患病死亡。

（4）1日龄雏鸡质量差　谈到质量必然涉及标准，据了解，目前我国尚未制定雏鸡的国家或行业标准，要控制和检验雏鸡质量，就必须有看得见摸得着的标准。可设立如下标准。

① 体重。由于品系不同，雏鸡初生重（出雏器检出后2~3小时内称重）会有不同要求。

② 均匀度85%以上。即随机抽取若干雏鸡（每批不少于100只），逐只称重，计算平均值，用体重在平均值±10%范围内的总只数，除以总抽样数，乘以100%，得到均匀度。

③ 感官。雏鸡羽毛颜色、体型符合本品种特征，绒毛清洁、干燥，精神活泼、反应灵敏，肢体、器官无缺陷，无大肚、黑脐、糊肛。叫声清脆，握雏鸡有较强的挣脱力。

④ 微生物检查。同一种鸡来源的雏鸡，每周各取10只健雏、10只弱雏和10只死胚，无菌采取卵黄，分别接种在普通培养基和麦康凯培养基，在任意一个培养基中只要发现细菌，就说明这只鸡被感染。感染率标准为（感染只数/取样总只数）：健雏0，弱雏≤20%，死胚≤30%为合格。

⑤ 母源抗体。均匀并达到一定水平的母源抗体，每周对来源一个种鸡场的雏鸡检测一次。其母源抗体水平应达到要求。其中新城疫：8~10log2，禽流感H9：8~9log2，禽流感H5：7~8log2。

⑥ 鸡白痢。父母代种鸡场鸡白痢阳性率小于0.2%。

⑦ 死亡率。雏鸡到达养殖户，排除运输原因和饲养管理不当、中毒、突发疫病、饲料等因素，1周内死亡率控制在1%以下。

第四章　育成蛋鸡饲养管理

1. 育成鸡有哪些生理特点？

7~18周龄是蛋鸡的育成期，其生理特点如下。

（1）具有健全的体温调节能力和较强的生活能力，对外界环境适应能力和疾病抵抗能力明显增强　要做好季节变化和转群两个关键时期的鸡群管理，防止鸡群发生呼吸道病、大肠杆菌病等环境条件性疾病。

（2）消化能力强，生长迅速，是肌肉和骨骼发育的重要阶段　育成期体重增幅最大，但增重速度不如雏鸡。

（3）育成后期鸡的生殖系统发育成熟　在光照管理和营养供应上要注意，顺利完成由育成期到产蛋期的过渡。

2. 育成鸡的培育目标是什么？

虽然育成期仅仅是母鸡寿命的1/5，甚至不到1/5。但育成期是母鸡一生很重要的阶段，所有内脏器官的发育，如心脏、肺脏、肾脏等，都要在这段时间内完成。任何在育成期犯下的错误都不能在今后的产蛋期进行改正和调整，并将严重影响产蛋性能，如应激会造成发育迟缓，并对之后的产蛋期产生不良影响。育成期的培育目标如下。

（1）发育正常，成活率高　优质母鸡的育成期，要求未发生或蔓延烈性传染病，体质健壮，体型紧凑似"V"字形，精神活泼，食欲正常。20周龄时，高产鸡群的育成率应能达到96%。

（2）鸡群均匀度高　体重和骨骼发育符合品种要求且均匀一致。

（3）适时开产　胸骨平直而坚实，脂肪沉积少，肌肉发达，适时达到性成熟，初产蛋重较大，能迅速达到产蛋高峰且持久性好。

3. 怎样做好向育成期的过渡？

由育雏到育成阶段，饲养管理上有一系列变化，这些变化要逐步进行，避免突然改变。

（1）脱温 3周龄的雏鸡体温调节机能已相当发达，气候暖和的季节，育雏室可由取暖过渡到不取暖叫脱温。急剧的温度变化对雏鸡是一种打击，要求降温缓慢，故需4~6天的过程。脱温要求稳妥，使雏鸡慢慢习惯于室温后才能完全脱温。最初，暖和的中午停止给温，而夜间仍给温，以后逐渐改变为夜间也停止给温。脱温还应考虑季节性，早春育雏，往往已到脱温周龄，但室外气温还比较低，而且昼夜温差也较大，就应延长给温时间。一般情况下，昼夜温度如果达到18℃以上，就可脱温。脱温后遇到降温天气，仍应给温，待天气转好后，再次脱温，并要观察夜间鸡群状态，减少意外事故的发生。

（2）换料 各阶段鸡对饲料中营养物质的需要不同，各地受饲料条件的限制，为了节省饲料和促进生长，需要多次换料。换料越及时，经济效益越高。但更换饲料对雏鸡来说是应激，易造成生长紊乱，轻者食欲降低，严重者引起雏鸡发育受阻，因此，换料要有一个逐步过渡阶段，不可突然全换，使雏鸡对新的刺激有一个适应过程。

一般要求：7~8周龄将雏鸡料换成育成鸡料，16~17周龄将育成鸡料换成产蛋前期饲料。换料注意事项如下。

① 换料时间以体重为参考标准。在6和16周龄末称量鸡只体重，达标后更换饲料，如果体重不达标，可推迟换料时间，但不应晚于9和17周龄末。

② 注意过渡换料，换料最好有一周的过渡时间。参照以下程序执行：第1~2天，2/3的本阶段饲料+1/3待更换饲料；第3~4天，1/2本阶段饲料+1/2待更换饲料；第5~7天，1/3本阶段饲料+2/3待更换饲料。

（3）转群 有条件的鸡场，可转入专门的育成鸡舍，也可在育雏舍内分散密度，改变环境，渡过育成期。一些小型鸡场，将雏鸡由网上笼养改为育成阶段的地面散养，为的是加强育成鸡的运动，这就有一个下笼过程。开始接触地面，雏鸡不太习惯，有害怕表现，容易引起密集拥挤，应防止扎堆压死，并应供应采食和饮水的良好条件。下笼后，应仔细观察鸡群，同时在饲料中加入抗球虫药，严防球虫病的发生。

改为地面散养后，鸡舍内应设栖架，栖架可用木棍或竹竿制作。从育成阶段就应训练雏鸡夜间上架休息，以减轻地面潮湿对鸡的不良影响，有利于骨骼的发育，避免龙骨弯曲。

大中型鸡场，转群是一项很大的工作，搞不好影响鸡的生长发育。可在夜间转群，因黑暗条件下，鸡较安静，不致引起惊群，抓鸡省时省力。

4．蛋鸡是不是需要限饲？

育成蛋鸡必须限制饲喂。限饲就是有意识地控制饲料供给，并限制饲料的能量和蛋白质水平，以防止育成阶段体重过大，成熟过早，成年后产蛋量减少的一种饲喂方法。

（1）限饲的意义 限饲目的是控制生长发育速度，保持鸡群体重的正常增长；延迟性成熟，提高进入产蛋期后的生产性能；节省饲料，降低饲养成本；降低产蛋期间的死亡率。

（2）限饲的方法 分为限量、限时和限质饲喂。

① 限量饲喂。限制饲喂量为正常采食量的90%。

② 限时饲喂。分隔日饲喂和每周限饲两种。

隔日限制饲喂：就是把两天的饲喂量集中在一天喂完。

每周限制饲喂：即每周停喂1天或2天。

③ 限质饲喂。如低能量、低蛋白和低赖氨酸日粮都会延迟性成熟。

限饲对象、时间等见表4-1，常用的限制饲养方法见表4-2。

表 4-1 育成鸡的限制饲喂

项目	方法与要求
限饲对象	体重高于标准体重的育成鸡、分群后体重超过标准体重的大鸡及体重偏重的中型品种鸡
限饲时间	一般从 8~10 周龄开始，17~18 周龄结束。
限饲方法	蛋鸡常用的是限量法和限质法

表 4-2 蛋鸡常用限制饲养的方法

名称	具体方法	备注
限量法	日喂料量按自由采食的 90% 喂给	日喂料量减少 10% 左右,但必须保证每周增重不低于标准体重。若达不到标准体重,易导致产蛋期产蛋量减少,死亡率增加
限质法	日粮能量水平降低至 9.2 兆焦/千克,粗蛋白降至 10%~11%,同时提高日粮中粗纤维的含量,使之达到 7%~8%	配制日粮时,适当限制某种营养成分的添加量,造成日粮营养成分的不足。例如,低能量、低蛋白质或低赖氨酸日粮等,减少鸡只脂肪沉积。该方法管理容易,无须断喙和称重,但鸡的体重难以控制

（3）限饲注意事项 限饲方式可根据季节和品种调整,如炎热季节由于能量消耗较少,可采用每天限饲法,矮小型蛋鸡的限饲时间一般不超过 4 周。

限饲前,必须对鸡群选择分群,将病鸡和弱鸡挑选出来;限饲期间,必须有充足的料槽、水槽。若有预防接种、疾病等应激发生,则停止限饲。若应激为某些管理操作所引起,则应在该操作前后各 2~3 天给予鸡只自由采食。采用限量法限饲时,要保证鸡只饲喂营养平衡的全价日粮。定期抽测称重,一般每隔 1~2 周随机抽取鸡群的 1%~5% 空腹称重,通过抽样称重监测限饲效果。若超过标准体重的 1%,下周则减料 1%;反之,则增料 1%。

5. 如何管理育成鸡的体重与均匀度?

体重是鸡群发挥良好生产性能的基础,能够客观反映鸡群发育水平;均匀度是建立在体重发育基础上的又一指标,反映了鸡群的整体质量。如果鸡群性成熟时体重达标整齐、骨骼发育良好,则鸡群开产整齐,产蛋高峰高,产蛋高峰期维持时间长。

（1）体重管理 要求体重周周达标,为产蛋储备体能。

① 育成期不同阶段体重管理重点。

7~8 周龄为过渡期:重点是通过转群或分群,使鸡只占笼面积由

30只/米²增加到20只/米²，在转群或分群过程中，注意保持舍内环境的稳定。转群前建议投饮多维，减小鸡群的应激。

9~12周龄为快速生长期：该阶段鸡只周增重100~130克，重点是确保鸡群健康和体重快速增长；周体增重最好超过标准，如果不达标，后期体重将很难弥补。

13~18周龄为育成后期：体重增长速度随着日龄增加而逐渐减慢。鸡群体型逐渐增大，笼内开始变得拥挤；并且该时期免疫较多，对鸡群应激大，所以该时期要密切关注体重和均匀度变化趋势。

② 确保体重达标的管理措施。确保环境稳定、适宜，特别在转群前后和季节转换时期要密切关注；及时分群，确保饲养密度适宜，不拥挤；控制饲料质量，确保营养全价、均衡；由雏鸡舍转育成鸡舍后，如果鸡只体重不达标，可增加饲喂量和匀料次数；仍然不达标时，可推迟更换育成期料，但最晚不超过9周龄。

（2）均匀度管理　要求均匀度周周达到85%以上。提高鸡群均匀度的管理措施如下。

① 做好免疫与鸡群饲养管理，确保鸡群健康，保持鸡只的正常生长发育。

② 喂料均匀，保证每只鸡获得均衡、一致的营养。

③ 采取分群管理。6周龄末根据体重大小将鸡群分为三组：超重组（超过标准体重10%）、标准组、低标组（低于标准体重10%），对低标组的鸡群在饲料中可增加多维或添加0.5%的植物油脂，对超标组的鸡群限制饲喂。

6. 如何对育成鸡进行光照管理？

（1）光照对性成熟的影响　光照是控制蛋鸡性成熟的主要方式，前8周龄光照时间和强度对鸡只的性成熟影响较小，8周龄以后影响较大，尤其是13~18周龄。鸡体的生殖系统（输卵管、卵巢等）进入快速发育期，会因光照的渐增或渐减而影响性成熟的提早或延迟，因此好的饲养管理，配合正确的光照程序，才能得到最佳的产蛋结果。

（2）育成期光照管理基本原则　育成期光照时间不能延长，建议8~10小时的恒定光照程序；产蛋前期（一般17周龄）增加光照后，光照时间不能缩短。

（3）光照程序　① 能利用自然光照的开放鸡舍。对于从 4—8 月引进的雏鸡，由于育成后期的日照时间是逐渐缩短的，可以直接利用自然光照，育成期不必再加人工光照。

对于 9 月中旬至次年 3 月引进的雏鸡，由于育成后期光照时间逐渐延长，需要利用自然光照加人工光照的方法来防止其过早开产。具体方法有两种。

一是光照时数保持稳定法：即查出该鸡群在 20 周龄时的自然日照时数，如是 14 小时，则从育雏开始就采用自然光照加人工补充光照的方法，一直保持每日光照 14 小时至 20 周龄，再按产蛋期的要求，逐渐延长光照时间。

二是光照时间逐渐缩短法：先查出鸡群 20 周龄时的日照时数，将此数再加上 4 小时，作为育雏开始时的光照时间。如 20 周龄时日照时数为 13.5 小时，则加上 4 小时后为 17.5 小时，在 4 周龄内保持这个光照时间不变，从 4 周龄开始每周减少 15 分钟的光照时间，到 20 周龄时的光照时间正好是日照时间，20 周龄后再按产蛋期的要求，逐渐增加光照时间。

② 密闭式鸡舍。密闭鸡舍不透光，完全是利用人工光照来控制照明时间，光照程序比较简单。一般　周龄 22~23 小时，之后逐渐减少，至 6~8 周龄时降低到每天 10 小时左右，从 18 周龄开始再按产蛋期的要求增加光照时间。

对育成末期的光照原则：鸡群达到开产体重时，方可增加光照时间，不能过早加光；过早则极易导致产蛋率低、高峰维持时间短、蛋重小；如褐壳罗曼蛋鸡只有体重达到 1 400 克时，方可增加光照而刺激鸡群开产。如果达到开产日龄而体重却不达标，也不能加光，而要等到体重到时方可加光。

7. 育成鸡对温度有什么具体的要求？

① 育成期将温度控制在 18~22℃，每天温差不超过 2℃。

② 夏季高温季节，提高鸡舍内风速，通过风冷效应降低鸡群体感温度；推荐安装水帘降温系统，将温度控制在 30℃ 以内，防止高

温影响鸡群生长，尤其是在密度逐渐增大的育成后期。

③ 冬季为了保证鸡只的正常生长和舍内良好的通风换气，舍内温度要控制在 13~18℃，最低不低于 13℃；如果有条件可以安装供暖装置，将舍温控制在 18℃左右，确保温度适宜和良好换气。

④ 在春、秋季节转换时期，要防止季节变化导致的鸡舍温差剧烈变化或风速过大引起的冷应激。春季要预防刮大风和倒春寒天气；秋季要提前做好舍内降温工作，以利于鸡只适应外界气温的变化。

8. 青年鸡转群移交都需要注意点啥?

在引进和转群移交过程中，要注意以下问题。

（1）送鸡前的准备

① 青年鸡企业提前 5~7 天开始降温到 16~22℃，避免到达蛋鸡企业后因温差过大造成的应激现象。同样夏季的温差也不可忽视。

② 青年鸡企业按照免疫程序，接种完所有疫苗，提供送鸡前抗体检测数据。如果无检测条件，应在前半月对鸡群进行一次新城疫防疫，最好结合用弱毒苗和灭活苗。

③ 把需送鸡的养殖档案提前准备妥当，方便随车送达。内容包括：接雏证明、进场日期、数量、雏鸡接收情况，饲料、饲料添加剂和兽药等投入品的来源、名称、使用对象、使用方法与停药期等情况，免疫程序及疫苗来源、名称、检测、使用日龄及方法，体重及胫长检查情况，消毒情况，发病情况及分析等。

④ 提前 2~3 天准备好蛋鸡企业所用饲料，做好过渡喂料准备，转群前 3 天饲料中加适量的抗生素药物，以免转群应激造成发病。

⑤ 提前 1~2 天准备好动物检疫合格证明。

⑥ 转鸡当天不喂料或者少喂料。

⑦ 送鸡前周转箱以及送车车辆都要清洗消毒。

⑧ 如有必要，邀请蛋鸡企业到育成鸡婆家查看准备情况，并引导大家对育成鸡的正确认识与如何避免一些常见问题。

⑨ 根据气候条件提前计划好送鸡时间、时间段、路线，避开不良天气和会出现拥堵、颠簸路段。

（2）接鸡前的准备

① 转鸡前几天必须把鸡舍地面、粪沟、墙壁、天花板、鸡笼用高压水彻底冲洗干净，冲洗前对电器应采取保护措施，防止造成电器损坏。供水、供电、通风设施、鸡笼、料槽等要先行检修，鸡舍的防雨、保暖如有问题要维修好，鼠洞要填堵，门窗玻璃安好，这些准备就绪后，再彻底熏蒸消毒。

② 进鸡前一天所用的设备试运行（包括饮水、光照、温控、喂料系统），保证所有设备运转正常。

③ 冬季鸡舍内的温度提高到 10~20℃（冬季），夏季的温度平稳衔接同样需要注意。

④ 准备好青年鸡和产蛋期全价料（或青年鸡预混料、优质的玉米、豆粕等原料），做好过渡喂料准备。

⑤ 青年鸡到达前的 2 小时，在水中添加优质维生素减少应激、增强体质。

（3）运输与接鸡

① 运输的过程中蛋鸡企业或者青年鸡企业应派人押车随行。

② 车辆行驶速度不得超过 70 千米 / 小时。

③ 每行驶 100 千米应停车检查一下，停止时间不得超过 5 分钟。

④ 运输时应在车厢与驾驶室中间的车体部分放置挡板，以减少应激。

⑤ 转群时使用的车辆要消毒，鸡舍门口要设立脚踏消毒盆，参加转群人员要穿工作服，并用消毒液洗手。防止转群时人员复杂而将病菌带入。

⑥ 经技术人员检查过的鸡要指定专人点数，清点鸡数要准确。并要按饲养密度要求饲养。

（4）接鸡后

① 接鸡后应尽快恢复喂料和饮水，日饲喂次数增加 1~2 次，不能缺水。转群后 3~5 天饲料中加适量的抗生素（提高抗体增加抵抗力）药物，以免鸡转换新环境后不适应造成发病。

② 为使鸡尽快适应新环境，应给以连续 24 小时的光照，1 天后可恢复到正常的光照时间（不宜长时间光照，造成应激过大造成紊乱）。

③ 做好经常性环境清扫和消毒工作，每 2~3 天 1 次带鸡喷雾消毒。

④ 要经常观察鸡群，特别是笼养鸡，防止卡脖吊死，跑出的鸡

要及时抓回笼内。

⑤ 由于转群的应激，出现部分弱鸡，要及时找出来分群，以便于采取相对的管理措施。

⑥ 要经常检查料槽和水槽的高度，供料和供水系统若有障碍，要及时调整维修。

⑦ 按照免疫程序，准备好疫苗并及时接种。

⑧ 接鸡后，青年鸡企业还要定期回访客户，了解客户的饲养情况，提前告知下阶段可能出现的问题，帮助做好防范，减少不必要的损失，及时、准确地为客户提供疾病流行信息，做到有备无患。并及时解决客户的各种疑难问题（对一些低素质客户要及时准确保留对鸡群客观评价记录，以备出现问题把责任上推和数据不准现象）。

（5）注意事项

① 送鸡前需要提前关注沿途天气变化，提前做好应对方案。如遇到恶劣天气，应在前一天做好防护准备或推迟接鸡计划。夏季安排在早晚凉爽时转鸡，冬季安排在白天温度较高时。

② 根据季节，特别是长途加上天气恶劣，尤其注意，提供转群保健方案。

③ 提供送鸡前抗体检测数据。并提供抗体数据指标，走鸡后一周回访，免费跟踪零抗体数据，以便养殖户更加顺利养好鸡。

④ 在转群过程中必须做到鸡筐轻拿轻放，上下左右鸡框衔接紧密，严禁在地面拖拉或滑行鸡框。

⑤ 送鸡时每车多预备 20~30 只鸡，避免出现点数不准确或个别压死现象，方便及时补充数量。

⑥ 如遇车辆中途发生故障 20 分钟内不能快速修理，应及时去掉篷布并联系其他车辆。

⑦ 车辆到场后，接鸡人员要尽快将鸡筐从车上搬下来，转入鸡舍，分开摆放，以防闷、热伤鸡。

⑧ 抓鸡时要轻柔，只可抓鸡的腿部或颈部，严禁抓鸡的翅膀。

⑨ 接鸡点数，双方共同清点，多退少补，力争双方满意。

9. 育成期怎样防控疫病发生?

（1）加强免疫管理　蛋鸡育成期的免疫接种较多，要根据当地的流行病制定免疫程序，选择质量过关的疫苗和适宜的接种方法。免疫时要减少鸡群的应激，免疫后注意观察鸡群情况，并在免疫后 7~14 天检测抗体滴度，确保保护率达标，一般新城疫抗体血凝平板凝集试验不低于 7 log2，禽流感 H5 株、H4 株不低于 6 log2，H9 株不低于 7 log2，各种抗体的离散度均在 4 以内。

（2）严格消毒　消毒时要内外环境兼顾，舍内消毒每天一次，舍外消毒每天两次，消毒前注意环境的清扫以保证消毒效果。消毒药严格按照配比浓度配制并定期更换消毒药。

（3）鸡群巡查及治疗　每天要认真观察鸡群，发现病弱鸡及时隔离，并尽快查找原因，决定是否全群治疗，避免疾病在鸡群中蔓延。选药时，要用敏感性强、高效、低毒、经济的药物。

10. 怎么防止育成鸡推迟开产?

实际生产中，5—7 月培育的雏鸡容易出现开产推迟的现象，主要原因是雏鸡在夏季期间采食量不足，体重落后标准，在培育过程可采取以下措施。

① 育雏期间夜间适当开灯补饲，使鸡的体重接近于标准。

② 在体重没有达到标准之前持续用营养水平较高的育雏料。

③ 适当地提高育成后期饲料的营养水平，使育成鸡 16 周后的体重略高于标准。

④ 在 18 周龄之前开始增加光照时间。

11. 育成鸡还有哪些日常管理措施?

① 鸡群的日常观察。发现鸡群在精神、采食、饮水、粪便等有异常时，要及时请有关人员处理。

② 经常淘汰残次鸡、病鸡。

③ 经常检查设备运行情况，保持照明设备的清洁。

④ 每周或隔周抽样称量鸡只体重，由此分析饲养管理方法是否

得当，并及时改进。

⑤ 制订合理的免疫计划和程序，培育前期尤其要重视法氏囊病的预防。法氏囊病的发生不仅影响鸡的生长发育，而且会造成鸡的免疫力降低，对其他疫苗的免疫应答能力下降，如新城疫、马立克氏病等。

⑥ 补喂砂砾。为了提高育成鸡只的消化机能及饲料利用率，有必要给育成鸡添喂砂砾。砂砾可以拌料饲喂，也可以单独放入砂砾槽饲喂。砂砾的喂量和规格可以参考表4-3。

表4-3　砂砾喂量及规格

周龄	砂砾数量 ［千克 /（千只·周）］	砂砾规格 （毫米）
4~8	4	3
8~12	8	4~5
12~20	11	6~7

育成鸡的饲养管理可简单总结为表4-4

表4-4　育成鸡饲养管理简表

周龄	日龄 （天）	饲养密度 （只 /米²）	平均每只每天耗料量（克）轻型母雏	平均每只每天耗料量（克）中型母雏	平均每只周末体重（克）轻型母雏	平均每只周末体重（克）中型母雏	管理要点	防疫措施
7	43~49	14	39.0	45.4	490	670	做好饲料更换工作，淘汰病、弱、小、残母雏	鸡疫苗免疫接种
8	50~56	14	40.8	47.6	580	790		
9	57~63	8	40.8	49.9	660	870	开始控制体重，减小饲养密度	地面平养鸡要驱蛔虫，每千克体重0.25克驱蛔灵，拌入饲料中服用

（续表）

周龄	日龄（天）	饲养密度（只/米²）	平均每只每天耗料量（克）		平均每只周末体重（克）		管理要点	防疫措施
			轻型母雏	中型母雏	轻型母雏	中型母雏		
10	64~69	8	45.4	52.2	740	970	如果6~10日龄未断喙可在10~12周龄进行	2月龄后可用新城疫I系苗注射免疫
11	70~77	8	49.9	54.4	810	1 050	强化饲养管理工作，观察鸡群、粪便的变化情况，预防球虫病的发生	养鸡数量多者可用Ⅳ系苗饮水或气雾免疫
12	78~84	8	49.9	56.7	880	1 130		
13	85~91	8	54.4	59.0	950	1 210	可以适当降低饲料营养浓度	
14	92~98	8	54.4	61.2	1 020	1 280		
15	99~105	8	59.0	63.5	1 080	1 360	如果蛋鸡笼养，可在17~20周龄期间转群、上笼，一般夜间进行为好	4月龄后鸡只上笼时，可再用新城疫I系苗免疫
16	106~112	8	59.0	65.8	1 130	1 430		
17	113~119	8	63.5	68.0	1 180	1 500		
18	120~126	8	63.5	70.3	1 220	1 560	在18~19周可根据光照情况每月增加1小时。转群前对断喙不合格者再修喙；转群时称重，测定鸡群均匀度；淘汰病、弱、小、残母雏	做好转群的预防应激工作，饲料中可添加土霉素和多种维生素。鸡群数量大时，可用新城疫Ⅳ系苗饮水或气雾免疫，以后每隔三个月免疫一次
19	127~133	6	68.0	72.6	1 260	1 620		
20	134~140	6	68.0	74.8	1 290	1 680		

第五章　产蛋鸡的饲养管理

1. 蛋鸡大规模网上平养技术有什么特点？

蛋鸡网上大规模、全自动平养技术要求鸡舍选址离主干道和居民生活区及其他畜禽养殖区域 1 千米以上。单栋饲养规模在 5 万~10 万只。鸡舍采用全封闭负压通风全自动环境控制系统，通过对舍内温度、湿度的自动实时监测，在低温时通过自动调节加温系统进行升温，高温时通过自动调节湿帘、风机等工作状态实现降温。自动控制系统可自动控制鸡舍内通风和光照。网板的高度以便于鸡粪的传输清理系统和鸡蛋中央自动集蛋系统的设置为准，可根据实际生产操作的需要设计。该技术采用自动链式送料、自动乳头式饮水、自动集蛋式蛋箱、自动传送带清粪。网上平养分两个阶段，即 0~18 周龄育雏育成阶段，19~72 周龄产蛋阶段。

产蛋阶段（18~72 周龄）　产蛋鸡的适宜温度范围是 13~25℃。网上平养密度以每平方米 8~10 只为宜。从 20 周龄开始，每周延长光照 0.5 小时，使产蛋期的光照时间逐渐增加至 14~16 小时，然后稳定在这一水平上，一直到产蛋结束。在全密闭鸡舍完全采用人工光照的鸡群，可从凌晨 4 点开始光照至 20—21 点结束。按照所饲养品种产蛋阶段的营养需要配制日粮。采用乳头式饮水线，每个饮水器喂 10 只鸡左右；自动盘式喂料，不限料，每个料盘喂 45 只鸡左右。禁止产蛋鸡在产蛋箱过夜，晚上熄灯前关闭产蛋箱，早上开灯前开启产蛋箱。洁净、无尘、干燥的疏松材料都可用做产蛋箱的垫料。在鸡群开产前一周要打开产蛋箱，并铺上垫料，让母鸡逐渐熟悉产蛋箱。要对产蛋箱进行遮光使箱内幽暗，产蛋箱每平方米 120 只鸡。

集蛋系统包括产蛋箱、中央输送系统和包装机。鸡蛋由各纵向排列的产蛋箱输送带传送至横向的中央输送系统，最后传送至自动包装机装盘。自动清粪系统由纵向鸡粪收集清粪带及末端的横向传送带组成。在各养殖单元的塑料网板下安装纵向的鸡粪收集传送带，定期将鸡粪传送至末端的横向传送带，再由横向输送到封闭的厢式货车运至有机肥处理厂。

蛋鸡全封闭大规模网上全自动平养技术有如下几个特点。

第一，蛋鸡处在最佳的温度、湿度和通风等环境条件下，全封闭，防疫隔离条件好，为蛋鸡提供了最佳的生物安全条件，使其能够充分发挥遗传潜能；第二，通过全自动送料、送水、集蛋和清粪，节省劳动力，适应国内日趋紧张的劳动力供给状况；第三，该技术满足蛋鸡在地面自由活动，符合动物福利的要求；第四，鸡蛋从鸡舍直接通过自动集蛋系统收集、装盘，减少了转运过程中的破损；第五，粪便自动清理收集制成有机肥，最大限度减少大规模蛋鸡饲养带来的环保压力，使鸡粪得到资源化利用。

采用该技术饲养蛋鸡，可以让蛋鸡在最舒适的环境条件下稳定发挥遗传潜能，实现动物福利，每只鸡72周龄可产蛋21千克，比目前传统笼养条件下的15千克提高40%，死淘率比传统条件下降低10%~15%，也大大减少饲料浪费，实现鸡蛋生产全过程的质量安全控制。同时，该技术节省劳动力，10万只蛋鸡仅需2~3个工人，仅为传统笼养或平养的10%。经济、社会和生态效益都十分可观。

2. 西北地区规模蛋鸡养殖场最好采用什么方式？

西北地区地域辽阔，包括陕西、甘肃、宁夏回族自治区（以下简称宁夏）、青海、新疆，面积304.3万米^2，占国土陆地面积的31.7%。西北地区地处亚欧大陆腹地，大部地区降水稀少，全年降水量多数在500毫米以下，属干旱半干旱地区，冬季严寒、夏季高温，气候干旱是西北地区最突出的自然特征。同时，西北地区也属于经济欠发达地区，因此鸡场设计既要综合考虑资金、技术、人员配备、环保、节能等方面因素，又要考虑鸡舍冬季保温、夏季降温的问题，结合农业部实施蛋鸡标准化规模养殖示范创建活动及西北蛋鸡养殖实际及未来发展，西北地区不同规模鸡场以适合农户群体（1万~5万只）、中等规模群体（5万~10万只）、集约化养殖20万只以上3种模式为主。

（1）鸡场设计的原则

① 场址选择。鸡场选址不得位于《中华人民共和国畜牧法》明令禁止的区域。应遵循节约土地、尽量不占耕地，利用荒地、丘陵山地的原则；远离居民区与交通主干道，避开其他养殖区和屠宰场。

地形地势。应选择在地势高燥非耕地地段，在丘陵山地应选择坡度不超过20°的阳坡，排水便利。

水源水质。具有稳定的水源，水质要符合《畜禽饮用水水质》标准。

电力供应。采用当地电网供应，且备有柴油发电机组作为备用电源。

交通设施。交通便利，但应远离交通主干道，距交通主干道不少于1 000米，距居民区500米以上。

② 场区规划。

饲养模式。采用"育雏育成"和"产蛋"两阶段饲养模式。

饲养制度。采用同一栋鸡舍或同一鸡场只饲养同一批日龄的鸡，全进全出制度。

单栋鸡舍饲养量。建议半开放式小型鸡场每栋饲养5 000只以上，大中型鸡场密闭式鸡舍单栋饲养1万只、3万只或5万只以上。

③ 布局。

总体原则。结合防疫和组织生产，场区布局为生活区、办公区、辅助生产区、生产区、污粪处理区。

排列原则。按照主导风向、地势高低及水流方向依次为生活区→办公区→辅助生产区→生产区→污粪处理区。地势与风向不一致时，则以主导风向为主。

生活区：在场区的上风向，有条件最好与办公区分开，与办公区距离保持30米以上。

办公区：鸡场的管理区，与辅助生产区相连，要有围墙相隔。

辅助生产区：主要有消毒过道、人员入场冲洗消毒设施、饲料加工车间及饲料库、蛋库、配电室、水塔、维修间、化验室等。

生产区：包括育雏育成鸡舍、蛋鸡舍。育雏育成鸡舍应在生产区的上风向，与蛋鸡舍保持一定距离。一般育雏育成鸡舍与蛋鸡舍按1:3配套建设。

污粪处理区：在鸡场的下风向，主要有焚烧炉、污水和鸡粪处理设施等。

鸡场道路分净道和污道。净道作为场内运输饲料、鸡群和鸡蛋的道路；污道用于运输粪便、死鸡和病鸡。净道和污道二者不能交叉。

（2）鸡舍建设设计　鸡舍建筑设计是鸡场建设的核心，西北地区在鸡舍设计上要考虑夏季防暑降温、冬季保暖的问题。

① 鸡舍朝向及间距。

鸡舍朝向。采用坐北朝南，东西走向或南偏东15°左右，有利于提高冬季鸡舍保温和避免夏季太阳辐射，利用主导风向，改善鸡舍通风条件。

鸡舍间距。育雏育成10~20米，成鸡舍10~15米；育雏区与产蛋区要保持一定距离，一般在50米以上。

② 鸡舍建筑类型　根据西北气候特点，应以密闭式和半开放式鸡舍为主。

密闭式鸡舍。鸡舍无窗，只有能遮光的进气孔，机械化、自动化程度较高，鸡舍内温湿度和光照通过调节设备控制。要求房顶和墙体要用隔热性能好的材料。

半开放式鸡舍。也称有窗鸡舍，南墙留有较大窗户，北墙有较小窗户。这类鸡舍全部或大部靠自然通风、自然光照，舍内环境受季节的影响较大，舍内温度随季节变化而变化；如果冬季鸡舍内温度达不到要求，一般西北地区冬季在舍内加火炉或火墙来提高温度。

③ 鸡舍结构要求。

地基与地面。地基应深厚、结实，舍内地面应高于舍外，大型密闭式鸡舍水泥地面应作防渗、防潮、平坦处理，利于清洗消毒。

墙壁。要求保温隔热性能好，墙面外加保温板，能防御风雨雪侵袭；墙内面用水泥挂面，以便防潮和利于冲洗消毒。

屋顶。密闭式鸡舍一般采用双坡式，屋顶密封不设窗户，采用H形钢柱、钢梁或C形钢檩条，屋面采用10厘米厚彩钢保温板。

门窗。全密闭式鸡舍门一般设在鸡舍的南侧，不设窗户，只有通风孔，在南北墙两侧或前端工作道墙上设湿帘。半开放式鸡舍门一般开在净道一侧工作间，双开门大小 1.8 米 × 1.6 米。窗户一般设在南北墙上，一般为 1.2 米 × 0.9 米（双层玻璃窗），便于采光和通风。

通过多年的摸索，宁夏一些鸡场在夏季防暑降温上大胆创新，采用空心砖作为湿帘，应用效果较好，主要是西北地区风沙比较大，对纸质湿帘的使用寿命有影响，冬季用保温板或用泥涂抹后即可解决保温问题。

鸡舍的跨度、长度和高度依鸡场的地形、采用的笼具和单栋鸡舍存栏而定。例如密闭式鸡舍，存栏 1 万只，采用 3 列 4 道 4 阶梯，跨度 11.4~13.8 米，长 65 米、高 3.6 米（高出最上层鸡笼 1~1.5 米）。半开放式鸡舍存栏 5 000 只，采用 3 列 4 道 3 阶梯式，鸡舍长 40 米，跨度 10.5 米，高 3.6 米。

（3）鸡舍设备

① 鸡笼成阶梯式或层叠式。

② 自动喂料系统。行车式，半开放式鸡舍也可采用人工喂料。

③ 自动饮水系统。乳头式。

④ 自动光照系统。节能灯、定时开关系统。

⑤ 清粪系统。刮粪板、钢丝绳、减速机。

标准化规模养殖是今后一个时期我国蛋鸡养殖的发展方向，它在场址选择、布局上要求较高，各功能区相对独立且有一定距离，生产区净道和污道分开，不能交叉，采用全进全出的饲养模式，有利于疫病防控。同时，密闭式鸡舍由于机械化、自动化程度高，需要较大的资金投入，造价高，但舍内环境通过各种设备控制，可减少外界环境对鸡群的影响。提高了饲养密度，可节约土地，并能够提高劳动效率。与密闭式相比，半开放式鸡舍土建和鸡舍内部设备投资较少，但外部环境对鸡群的影响较大。

标准化规模养鸡场的建设，在鸡场场址选择、布局、鸡舍建设、鸡舍内部设施以及附属设施建设上要求较高，必须严格按照标准进行，同时采取了育雏育成期和产蛋期两阶段的饲养模式，实施"全进全出"的饲养管理制度，有效阻断疫病传播，提高鸡群健康水平。全自动饲养设备，配套纵向通风湿帘降温系统和饮水、喂料、带鸡消毒等自动化工艺，先进的自动分拣、分级包装设备，极大地提高了劳动效率。采用全自动设备养鸡，使鸡舍小环境得到有效控制，蛋鸡的生产性能得到充分发挥，主要表现在育雏育成成活率高达97%以上，产蛋期成活率94%以上；77周龄淘汰，料蛋比2.20∶1。

3. 怎样设计华南丘陵地区开放式蛋鸡舍？

我国南方广大地区，夏季气温高，持续时间长，属于湿热性气候。7月平均气温28~31℃，高温30~39℃，日平均温度高于25℃的天数，每年有75~175天。盛夏酷暑太阳辐射强度每平方米390~1 047瓦。据资料分析，南方开放式鸡舍在酷热期间，饲料耗量下降15%~20%，产蛋下降15%~25%，耗水量上升50%~100%，疾病的抵抗能力下降。如何克服夏季高温对鸡只生产的影响一直是南方高密度养鸡的一大技术难题。在夏天，当舍内温度较高时，鸡舍通风是实现鸡舍内降温的有效途径，在通风降温的同时，可排出舍内的潮气及二氧化碳、氨气、硫化氢等有害气体，也可将鸡舍内的粉屑、尘埃、菌体等有害微生物排出舍外，对净化舍内空气有利。

当前在推动蛋鸡标准化养殖的过程中，多数从业者倾向采用纵向通风水帘降温的机械通风方式，这种方式已被证明是南方炎热地区夏季降低舍内温度的有效方式。但机械通风耗能大，生产成本较高。实际上如果能充分利用地形地貌，因地制宜，巧妙规划设计开放式鸡舍的自然通风，则可充分利用自然热压与风压，从而大大节约机械通风所需的能源，极为经济。基于良好的生产管理，自然通风鸡舍同样能取得良好的生产成绩。

（1）鸡场的选址　场址选择是否得当，关系到卫生防疫、鸡只的生长以及饲养人员的工作效率，关系到养鸡的成败和效益。场地选择要考虑综合性因素，如面积、地势、土壤、朝向、交通、水源、电源、防疫条件、自然灾害及经济环境等，一般场地选择要遵循如下几项原则。

① 有利于防疫。养鸡场地不宜选择在人烟稠密的居民住宅区或工厂集中地，不宜选择在交通来往频繁的地方，不宜选择在畜禽贸易

场所附近；宜选择在较偏远而车辆又能达到的地方。这样的地方不易受疫病传染，有利于防疫。

② 场地宜在高燥、干爽、排水良好的地方。鸡舍应当选择地势高燥、向阳的地方，避免建在低洼潮湿的水田、平地及谷底。鸡舍的地面要平坦而稍有坡度，以便排水，防止积水和泥泞。地形要开阔整齐，场地不要过于狭长或边角太多，交通水电便利，远离村庄及污染源。

在山地丘陵地区，一般宜选择南坡，倾斜度在 20° 角以下。这样的地方便于排水和接纳阳光，冬暖夏凉。而本技术的关键之一是因地制宜，充分利用丘陵地区的自然地形地貌，如利用林带树木、山岭、沟渠等作为场界的天然屏障，将鸡舍建在山顶，达到防暑降温的目的。

③ 场地内要有遮阴。场地内宜有竹木、绿树遮阴。

④ 场地要有水源和电源。鸡场需要用水和用电，故必须要有水源和电源。水源最好为自来水，如无自来水，则要选在地下水资源丰富、适合于打井的地方，而且水质要符合人饮用的卫生要求。

⑤ 下风处。应选在村庄居民点的下风处，地势低于居民点，但要离开居民点污水进出口，不应选在化工厂、屠宰场等容易造成环境污染企业的下风处或附近。

⑥ 要远离主要交通要道（如铁路、国道）和村庄至少 300~500 米。要和一般道路相隔 100~200 米距离。

（2）鸡舍的建筑标准

① 鸡舍规格。应建成高 2.4 米（即檐口到地面高度），宽 8~12 米，长度依地形和饲养规模而定。每 4 米要求对开 2 个地脚窗，其大小为 35 厘米 × 36 厘米。鸡舍不能建成有转弯角度。鸡舍周围矮场护栏采用扁砖砌成，要求砌 40~50 厘米（即 4~5 个侧砖高），不适宜过高，导致通风不良。四周矮墙以上部分的塑料卷帘或彩条布要分两层设置，即上层占 1/3 宽，下层占 2/3 宽，或设计成由上向下放的形式，以便采用多种方式通风透气、遮挡风雨。一幢鸡舍间每 12 米要开设瓦面排气窗一个，规格为 1.5 米 × 1.5 米，高 30 厘米，排气窗瓦面与鸡舍瓦面抛接位要有 40 厘米。

②鸡舍朝向。正确的鸡舍朝向不仅有助于舍内自然通风、调节舍温，而且能使整体布局紧凑，节约土地。鸡舍朝向主要依据当地的太阳辐射和主导风向确定。

我国多数地区夏季日辐射总量东西向远大于南北向；冬季则为南向最大，北向最小。因此从防寒、防暑考虑，鸡舍朝向以坐北朝南偏东或偏西45°以内为宜。

根据通风确定鸡舍朝向，若鸡舍纵墙与冬季主风向垂直，对保温不利；若鸡舍纵墙与夏季主风向垂直，舍内通风不均匀。因此从保证自然通风的角度考虑，鸡舍的适宜朝向应与主风向成30°~45°。

③鸡舍的排列。场内鸡舍一般要求横向成行，纵向成列。尽量将建筑物排成方形，避免排成狭长而造成饲料、粪污运输距离加大，管理和工作不便。一般选择单列式排列。

（3）材料选择及建筑要求

①鸡舍使用砖瓦结构，支柱不能用竹、木，必须用水泥柱或扁三余砖柱。

②地面用水泥铺设。在铺水泥地面之前采用薄膜纸过底。水泥厚4~5厘米，舍内地面要比舍外地面高30厘米左右。

③鸡舍屋顶最低要求采用石棉瓦盖成，最好采用锌条瓦加泡沫隔热层，不得采用沥青纸。

开放式蛋鸡舍充分利用了华南地区丘陵地形地貌，因地制宜，巧妙规划设计开放式鸡舍的自然通风，从而大大节约机械通风所需的能源，极为经济。

这种饲养模式巧妙利用丘陵地区的地形地貌设计建造的开放式鸡舍饲养蛋鸡（如罗曼粉壳蛋鸡），在良好的生产管理条件下，产蛋高峰期产蛋率可达97%，其中90%以上产蛋率可维持6~8个月。相对于纵向通风、水帘降温的密闭式鸡舍，开放式鸡舍最大的优势是能源成本低。此外，它还具有如下优点。

①鸡只能充分适应自然条件，可延长产蛋期，产蛋期死亡率较低。

②由于鸡只适应自然环境变化，淘汰鸡在抓鸡、运输等过程中的应激适应性强，死亡率低。在广东地区开放式鸡舍养殖的蛋鸡其淘

汰鸡出场价每 500 克比密闭式鸡舍的鸡只高 1.0 元以上。

4. 高产蛋鸡最适宜的环境要求是什么？

（1）饲养密度 产蛋期的饲养密度因品种、饲养方式不同而异，见表 5-1。

表 5-1 不同平养方式的饲养密度

饲养方式	轻型鸡		中型鸡	
	（米²/只）	（只/米²）	（米²/只）	（只/米²）
厚垫料	0.16	6.2	0.19	5.4
60% 网面 +40% 垫料	0.14	7.2	0.16	6.2
网上平养	0.09	10.8	0.11	8.6

（2）料位与水位 笼养蛋鸡适宜的料位、水位见表 5-2。

表 5-2 笼养蛋鸡适宜的料位、水位

品种	料槽宽度（厘米/只）	料槽宽度（厘米/只）	乳头饮水器（只/个）	需要的空间（米²/只）	饲养鸡数（米²/只）
轻型蛋鸡	8	5	4	0.0380	26.3
中型蛋鸡	8	5	4	0.0481	20.8

（3）鸡舍温度 温度对蛋鸡的生长、产蛋、蛋重、蛋壳品质、种蛋受精率及饲料报酬等都有较大影响。蛋鸡适宜的温度为 5~28℃，产蛋适宜温度 13~20℃，其中 13~16℃产蛋率最高，15.5~20℃饲料报酬最好。综合考虑各种因素，产蛋鸡舍的适宜温度 13~23℃，最适宜温度 16~21℃；最低温度不能低于 7.8℃，最高温度不应超过 28℃。否则，对蛋鸡的产蛋性能影响较大。

（4）湿度 蛋鸡适宜的相对湿度为 60% 左右，但相对湿度为 45%~70%，对蛋鸡生产性能影响不大。鸡舍内湿度太低或太高，对鸡的生长发育及生产性能危害较大。当鸡舍内湿度太低时，空气干燥，鸡的羽毛紊乱，皮肤干燥，饮水量增加，鸡舍尘埃飞扬，易使鸡发生呼吸道疾病。遇到这种情况，可向地面洒水，或把水盆、水壶放在炉子上使水分蒸发，以提高室内湿度。

生产中往往遇到的不是鸡舍内湿度太低而是太大。当舍内湿度太高时，鸡的羽毛污秽，稀薄的鸡粪四溢，此种情况多发于冬季，舍内外温差大，通风换气不畅，鸡群易患慢性呼吸道病等。在这种情况下，应该通过加大通风量、经常清粪、在鸡舍内放一些吸湿物等办法来降低湿度。

（5）通风换气　通风换气的目的在于调节舍内温度，降低湿度，排出污浊空气，减少有害气体、灰尘和微生物的浓度和数量，使舍内空气清新，供给鸡群足够的氧气。

为达到通风的目的，在建造鸡舍时，应合理设置进气口与排气口，使气流能均匀流过全舍而无贼风。即使在严寒季节也要进行低流量或间断性通风。进气口须能调节方位与大小，天冷时进入舍内的气流应由上而下不直接吹向鸡体。机械通风的装置应能调节通风量，根据舍内、外温差调节通风量与气流速度的大小。

（6）光照　蛋鸡光照的原则是在产蛋率上升期光照时间只能增加，在产蛋高峰来临前的2~3周，每天的最长光照时间16~16.5小时，并一直恒定不变，在产蛋后期，每天可增加0.5小时，至17小时。

密闭式鸡舍的光照应在原来每天8小时的基础上每周增加1小时。连增两周后，改为每周增加半小时，直至每天光照16~16.5小时，维持恒定不变。开放式鸡舍，主要是利用自然光照，不足部分用人工光照来补充。因此产蛋期光照时数，应根据当地日照时间的变化来调节，日照短于光照时数的差数，应采取人工光照补充。增加光照时间，以天亮前和日落后各补一半为宜。较为简单的方法是：保证规定的光照时间，早晚各开、关灯1次。若每天光照16小时，则可在早上4：30开灯，日出后关灯；晚上日落后开灯，20：30关灯。这样每天的开关灯时间不变，便于管理，不易错乱。

人工补充光照一般采用不大于60瓦的清洁白炽灯，并使用灯罩，注意保持灯罩完好，每周擦拭灯泡1次。用40瓦灯泡时，灯泡离地面1.5~2米，灯间距在3米左右，若安装25瓦灯泡，其灯间距应为

110

1.5 米，食槽、饮水器尽量放在灯泡下方，以便于鸡的采食和饮水。

蛋鸡产蛋期间的光照强度以 1 米^{2}10 勒（或 3 瓦）为好，它有利于蛋的形成和蛋壳钙化。光照过强会引起鸡的不安，神经敏感，导致破蛋增加。

（7）尽量避免应激因素　应激是指对鸡健康有害的一些症候群。应激可能是气候的、营养的、群居的或内在的（如由于某些生理机能紊乱，病原体或毒素的作用）。

鸡应激的特征为：垂体前叶和肾上腺增大，腺上素胆固醇耗竭，血浆皮质酮水平升高，胸腺萎缩及雏鸡腔上囊萎缩，循环白细胞数及血糖和血浆游离脂肪酸浓度变化，生长迟缓，体重减轻，生产性能下降等。

任何环境条件的突然改变，都可能引起鸡发生应激反应。养鸡生产中，应激不可避免，如：称重、免疫、转群、断喙、换料、噪声、舍温过高或过低、密度过大、通风不良、光线过强、光照制度的突然改变、饲料营养成分缺乏或不足、断料停水、饲养人员及作业程序的变换，陌生人入舍，鼠、狗、猫等窜入鸡舍等。防止应激反应的发生，尽量减少应激，创造一个良好、稳定、舒适的鸡舍内外环境，是产蛋鸡管理尤其是产蛋高峰期管理的重要内容。

应激有害，但生产中又不可避免，如何减少应激源，把危害降低到最低程度，在蛋鸡生产中是可以做到的。减少应激因素除采取针对性措施外，应严格制定和认真执行科学的鸡舍管理程序，并注意以下问题：保持鸡舍内外环境安静，严防噪声和大声喧哗，操作时动作要轻；除饲养人员、技术人员之外，其他人员严禁进入鸡舍，严禁鸟、猫、狗等动物进入鸡舍，抓鸡、转群、免疫尽量安排在晚上进行，以减轻对鸡群的惊扰；尽量控制好蛋鸡所需的环境条件，温度、湿度、密度适宜，通风良好，光照制度严格执行，料位、水位充足；日常作业程序一经确定，不要轻易改变，尽量保持其固定性；更换饲料时要逐步进行，应有 1 周的过渡期；对于像注射、转群、断喙等较大的应激，在饮水或饲料中添加一些抗应激物质，如维生素 A、维生素 E、维生素 C 等。

5. 产蛋鸡鸡舍建造的总体要求有哪些？

（1）空气质量标准的总体要求　鸡场周围环境通风良好，空气质量符合畜禽场环境标准 NY/T 388。

（2）房屋建筑的标准要求

① 墙壁、屋顶及地面，保温隔热性能好，两侧温差变化 ≤ 1℃ /10 分钟。

②墙壁、屋顶及地面，坚固结实，耐高压冲洗 ≥ 0.5 兆帕。

③鸡舍密闭性能好，保持静态压力 ≥ 80 帕。

（3）满足鸡群供暖的标准要求　供暖设备必须能够提供足够的热量；供热时热量必须均匀分配到整个鸡舍；供热时不能同时消耗舍内的氧气；供暖时不能产生有害鸡群健康的作用。

（4）满足鸡群通风的标准要求

① 高温季节。1分钟内换完舍内的全部空气，采用纵向通风模式。

② 寒冷季节。按鸡群最低需要量通风（0.0155~0.028 米^3/分钟 / 千克体重），采用横向通风模式，设置侧墙进风口 1.4 米^2/283 米^3 风量。

③鸡舍的跨度按 3 的倍数设计，鸡舍长度按跨度的偶数倍设计。

6. 产蛋前期蛋鸡自身生理变化有哪些特点？

（1）开产前生殖器官快速发育，开产后身体仍在发育　蛋鸡进入 14 周龄后卵巢和输卵管的体积、重量开始出现较快的增加，17 周龄后增长速度更快，19 周龄时大部分鸡的生殖系统发育接近成熟。发育正常的母鸡 14 周龄时的卵巢重量约 4 克，18 周龄时大于 25 克，22 周龄 50 克以上。刚开产的母鸡虽然性已成熟，开始产蛋，但机体尚未发育完全，18 周龄体重仍在继续增长。

（2）体重快速增加　18~22 周龄，平均每只鸡体重增加 350 克左右，这一时期体重的增加对以后产蛋高峰持续期的维持十分关键。体重增加少会表现为高峰持续期短，高峰后死淘率上升。

（3）内分泌功能的变化　18 周龄前后鸡体内的促卵泡素、促黄体生成素开始大量分泌，刺激卵泡生长，使卵巢的重量和体积迅速增大。同时大、中卵泡中又分泌大量的雌激素、孕激素，刺激输卵管生长、耻骨间距扩大、肛门松弛，为产蛋做准备。

（4）法氏囊的变化 法氏囊是鸡的重要免疫器官，在育雏育成阶段在抵抗疾病方面起到很大作用。但是在接近性成熟时由于雌激素的影响而逐渐萎缩，开产后逐渐消失，其免疫作用也消失。因此，这一时段是鸡体抗体青黄不接的时候，容易发病。要加强各方面的饲养管理（主要是环境、营养与疾病预防）。

（5）产蛋鸡富有神经质，对于环境变化非常敏感 鸡产蛋期间，饲料配方的变化，饲喂设备的改换，环境温度、湿度、通风、光照、密度的改变，饲养人员和日常管理程序等的变换，鸡群发病、接种疫苗等应激因素等，都会影响产蛋。

在寒冷季节遇到寒流侵袭时，鸡舍保温条件又不好，往往随寒流的过去，出现产蛋率下降的现象，因此会影响后期的产蛋成绩。

7. 产蛋前期蛋鸡的管理工作重点是什么？

产蛋前期蛋鸡管理工作的总体目标是：让鸡群顺利开产，并快速进入产蛋高峰期；减少各种应激，尽可能地避免意外事件的发生；储备抗病能力。为此，要重点做好以下工作。

（1）做好转群工作 此阶段鸡群由后备舍转入产蛋舍，转群是这个阶段最大的应激因素。

① 环境过渡要平稳。鸡群在短时间能够适应环境变化，顺利进行开产前体能的储备。转群工作如果控制不好，应激过大，往往造成转群后鸡群体质下降，增重减缓，严重时甚至有条件性疾病的发生，影响产蛋。

转群前做好空舍消毒工作，保证空舍时间在 15 天以上，切断上下批次病原的传播。对于发生过疾病的栋舍更应彻底做好空舍、栋内原有物品、周围环境的消毒工作。转群前还要做好设备检修、人员配备、抗应激药物使用等环节的工作。

关于转群时机，由于近年来选育的结果，鸡的开产日龄提前，转群最好能在 16 周龄前，但注意此时体重必须达到标准。

②搞好环境控制。充分做好转群后蛋鸡舍与育成舍环境控制的衔接工作，认真了解鸡群在育成舍的温度、湿度、风机开启数量、进风口面积等环境调控参数，尽可能减少转群前后环境差异造成的应激。冬季应当特别注意湿度对环境的影响，湿度过大（大于40%）造成风寒指数增高，鸡群受寒着凉，抵抗力下降，容易诱发条件性疾病。

③防疫、隔离卫生。产蛋前期的鸡群各项抗体水平还没有达到最高峰，由于转群、免疫等应激因素影响，鸡群抵抗力降低，容易受到疾病（如新城疫、传染性支气管炎、禽流感等）的侵袭。一旦发生此类疾病，常造成开产延迟或达不到应有的产蛋水平。此阶段除做好日常饲养管理外，还要做好鸡群的各项防疫隔离措施，防止疾病的传入。

在转群前，最好接种新城疫油苗加活苗、减蛋综合征灭活苗等疫苗。转群后最好进行一次彻底的驱虫工作，对体表寄生虫如螨、虱等可用喷洒药物的方法。对体内寄生虫可内服丙硫咪唑20~30毫克/千克体重，或用阿福丁（主要成分阿维菌素）拌入料中服用。转群、接种前后在料中应加入多种维生素、抗生素以减轻应激反应。

保持舍内日常卫生干净整洁，认真做好带鸡消毒工作，保持饲养人员的稳定。

（2）适时更换产前料，满足鸡的营养需要　当鸡群在17~18周龄，体重达到标准，马上更换产前料能增加体内钙的贮备和让小母鸡在产前体内贮备充足营养和体力。实践证明，根据体重和性发育，较早些时间更换产前料对将来产蛋有利，过晚使用钙料会出现瘫痪，产软壳蛋的现象。

①从18周龄开始给予产前料。青年鸡自身的体重、产蛋率和蛋重的增长趋势，使产蛋前期成了青年母鸡一生中机体负担最重的时期，这期间青年母鸡的采食量从75克逐渐增长到120克左右，仍有可能造成营养的吸收不能满足机体的需要。为使小母鸡能顺利进入产蛋高峰期，并能维持较长久的高产，减少高峰期可能发生的营养上的负平衡对生产的影响，从18周龄开始应该给予较高营养水平的产前料，让小母鸡产前在体内储备充足的营养。

一般，当鸡群产蛋达到5%时应更换产前料。过早更换产前料容易造成鸡群拉稀，过晚更换会造成鸡只营养储备不足影响产蛋。产前料使用时间不超过10天为宜，进而更换为产蛋高峰料，为高产鸡群提供充足的营养。

产前料是高峰料和育成料的过渡，放弃使用产前料，由育成料直接过渡到高峰料的做法不科学。

② 从18周龄开始，增加饲料中钙的含量。小母鸡在18周龄左右，生殖系统迅速发育，在生殖激素的刺激下，骨腔中开始形成骨髓，骨髓约占性成熟小母鸡全部骨骼重量的72%，是一种供母鸡产蛋时调用的钙源。从18周龄开始，及时增加饲料中钙的含量，促进母鸡骨骼的形成，有利于母鸡顺利开产，避免在高峰期出现瘫鸡，减少笼养鸡疲劳症的发生。

③ 夏季添加油脂。对产蛋高峰期在夏季的鸡群，更应配制高能高蛋白水平的饲料，如有条件可在饲料中添加油脂，当气温高至35℃以上时，可添加2%的油脂；30~35℃，添加1%。油脂含能量高，极易被鸡消化吸收，并可减少饲料中的粉尘，提高适口性，对于增强鸡的体质、提高产蛋率和蛋重有良好作用。

④ 检查饲料是否满足青年母鸡营养需要。检查营养上是否满足鸡的需要，不能只看产蛋率。青春期的小母鸡，即使采食的营养不足，也会保持其旺盛的繁殖机能，完成其繁衍后代的任务。在这种情况下，小母鸡会消耗自身的营养来维持产蛋，所以蛋重会变得比较小。因此当营养不能满足需要时，首先表现在蛋重增长缓慢，蛋重小，接着表现在体重增长迟缓或停止增长，甚至体重下降；在体重停止增长或有所下降时，就没有体力来维持长久的高产，所以产蛋率就会停止上升或开始下降。产蛋率一旦下降，即使采取补救措施也难以恢复。

（3）创造良好的生活环境，保证营养供给　开产是小母鸡一生中的重大转折，是一个很大的应激，在这段时间内小母鸡的生殖系统迅速发育成熟，青春期的体重仍需不断增长，大致要增重400~500克，蛋重逐渐增大，产蛋率迅速上升，消耗母鸡的大部分体力。因此，必须尽可能地减少外界对鸡的进一步干扰，减轻应激，为鸡群提供安宁稳定的生活环境，并保证满足鸡的营养需要。

凡是体重能保持品种所需要的增长趋势的鸡群，就可能维持长久的高产，为此在转入产蛋鸡舍后，仍应掌握鸡群体重的动态，一般固定 30~50 只做上记号，1~2 周称测一次体重。

在正常情况下，开产鸡群的产蛋率每月能上升 3%~4%。

（4）光照管理　产蛋期的光照管理应与育成阶段有连贯性。

饲养于开放式鸡舍，如转群处于自然光照逐渐增长的季节，且鸡群在育成期完全采用自然光照，转群时光照时数已达 10 小时或以上，转入蛋鸡舍时不必补以人工照明，待到自然光照开始变短的时候，再人工照明予以补充。人工光照补助的进度是每周增加半小时，最多一小时，亦有每周只增加 15 分钟的，当自然光照加人工补助光照共计 16 小时，则不必再增加人工光照。若转群处于自然光照逐渐缩短的季节，转入蛋鸡舍时自然光照时数有 10 小时，甚至更长一些，但在逐渐变短，则应立即加补人工照明，补光的进度是每周增加半小时，最多 1 小时，当光照总数达 16 小时，维持恒定即可。

产蛋鸡的光照强度：产蛋阶段对需要的光照强度比育成阶段强约一倍，应达 20 勒克斯。鸡获得光照强度和灯间距、悬挂高度、灯泡瓦数、有无灯罩、灯泡清洁度等因素有密切关系。

人工照明的设置，灯间距 2.5~3.0 米，灯高（距地面）1.8~2.0 米，灯泡功率 40 瓦，行与行间的灯应错开排列，这样能获得较均匀的照明效果，每周至少要擦一次灯泡。

8. 蛋鸡产蛋高峰期管理的原则有哪些？

鸡群产蛋达到 80% 就进入产蛋高峰期，一般在 21~47 周龄。此时期，多数鸡只已经开产，当产蛋率达到 90% 后增长逐渐放缓，直到达到产蛋尖峰；产蛋率、体重、蛋重仍在增长，鸡只生理负担大，抗应激能力下降，对外界环境的变化较敏感，易发生呼吸道、大肠杆菌等条件性疾病；抗体消耗大，需要加强禽流感、新城疫等疾病的补充免疫。

产蛋高峰期管理的原则在于尽可能地让鸡维持较长的产蛋高峰，23 周龄产蛋率达 90%，产蛋尖峰达 95%~96%，90% 以上产蛋率维持6个月；产蛋高峰下降慢，48周龄以后产蛋率从90%逐步缓慢下降，72周龄下降到78%，每周平均下降0.48个百分点。

9．产蛋高峰期应如何加强饲喂管理？

（1）选择优质饲料　要选择优质饲料，确保饲料营养的全价与稳定，新鲜、充足。

（2）关注鸡只的日耗料量和每天的喂料量　鸡只日耗料量，即鸡群每天的采食量，是判断鸡群健康状况的重要数据之一。通过测定鸡只的日耗料量，可以准确掌握鸡只每天喂料的数量，满足鸡群采食和产蛋期营养需要，为产蛋高峰的维持打下基础。

监测日耗料量，可选取1%~2%的鸡只人工饲喂。每天喂料量减去次日清晨剩余料量后所得值除以鸡只数，即为鸡只日耗料量（克/天）。当前后两天日耗料量（或日耗料量与推荐标准日耗料量相比）相差10%时，要及时关注鸡群健康状况，采取针对性应对措施。

用鸡只日耗料量乘以鸡只饲养量，即为每天喂料量。饲喂时，要求定时定量，分批饲喂。建议每天至少饲喂3次，匀料3次。每天开灯后3~4小时，关灯前2~3小时是鸡群的采食高峰期，要确保饲料供给充足。

高温季节，鸡只采食量下降，营养摄取不足，进而影响生产潜能发挥。为保证夏季鸡只采食量的达标，推荐在夜间补光2小时，增加鸡只采食时间和采食量。补光原则为前暗区要比后暗区长，且后暗区不得小于2.5小时。

10．产蛋高峰期应如何加强饮水管理？

（1）注意饮水温度　开放式饲养的鸡群，一般中小型蛋鸡场的供水、供料都在运动场，小型饲养户的饮水用具也多在室外。夏季气温高时，应将饮水器放在阴凉处，水温要比气温略低，切忌太阳暴晒。按照鸡的习性，它们不喜欢饮温热的水，相比之下对温度较低的水却不拒饮。冬季天气寒冷，气温低，最好给鸡饮温水，温水鸡爱喝，也能减少体热损失，增强抗寒能力，对鸡的健康和产蛋都有利。给水温度不低于5℃，以15℃为佳。

（2）保证饮水卫生　饮水必须清洁卫生，被病菌或农药等污染的水不能用。凡人能饮用的水，鸡也可饮用。影响水质的因素有：水源、蓄水池或盛水用具、水槽或饮水用具、带菌的鸡。因此，要定期消毒盛水用具。若用槽式水具，应每天擦洗，这是一项简单而又很难做好的事情；第三层水槽较高，不易擦洗，须特别注意。

（3）适时供给饮水　鸡每天有出现3次饮水高峰期，即早晨8点、中午12点、下午6点左右。鸡的饮水时间大都在光照时间内。早上8点左右，鸡开始接受光照；中午12点左右，是鸡产蛋的高峰时间，母鸡产完蛋后，体内消耗较多的水分，感到非常口渴要喝水；下午6点左右，光照时间即将结束，准备进入晚上开始休息，鸡要喝足水以利晚上体内备用。如果产蛋鸡在这三个需水高峰期内喝不到水或喝不足水，鸡的产蛋和健康就会很快表现出来。

（4）适量供给饮水　通常情况下，每只鸡每天需水量及料水比为，春、秋季为200毫升左右，料水比1∶1.8；夏季270~280毫升，料水比1∶3；冬季100~110毫升，料水比1∶0.9，应根据季节调整供水量。用干料喂鸡时，饮水量为采食量的2倍；用湿料喂鸡，供水量可少些。产蛋率升高时，需水量也随之增加。因为这时鸡产蛋旺盛，代谢加强，不仅形成蛋需要水分，而且随着鸡食量的增大，需水量也逐渐增大。

（5）不断水、不跑水　有的饲养员身材高度不够，就踩在第一层笼上或料槽上擦第三层水槽，会引起水槽坡度改变，使水槽有些段水深，有些段水浅，甚至跑水。所以，调整水槽坡度是饲养员经常性的任务之一。水槽中水的深度应在1.5厘米以上，低于0.5厘米时，鸡饮水就很困难，且饮水量不够。使用乳头式饮水器时，要勤检查水质、水箱压力、乳头有无堵塞不供水或关闭不经常流水。有的养鸡农户将水槽末端排水口堵塞，每天添几次水，这种供水方式容易造成断水和饮水量不足，这也是影响产蛋量的因素。

（6）处理浸湿的饲料　水槽跑水或漏水，在养鸡生产中不可避免。可分几种情况对待：料槽中个别段落饲料被水浸湿，数量不多时，与附近的干料拌和即可；被浸湿饲料数量多但未变质，可取出与干料拌和后分投在料线上喂给；对酸败、发霉的饲料，应立即取出，并对污染的饲槽段进行防霉处理。

（7）做好供水记录　鸡的饮水量除与气温有关外，还可以作为观察鸡群是否有潜在疾病或中毒的依据。鸡在发病时，首先表现饮水量降低，食欲下降，产蛋量有变化，然后才出现症状；有的急性病例根本看不到症状。而鸡中毒后则相反，是饮水量突然增加。养鸡一定要做到心中有数，如这群鸡一天饮几桶水、吃多少料、产多少蛋，心中应该有个谱儿。

11. 产蛋高峰期应如何加强体重管理？

处于产蛋高峰期的鸡群，每10天平均生产9~9.5枚蛋，生产性能已经发挥到极致，体质消耗极大，如果体重不能达到标准，高峰期的维持时间则相应缩短。因此，这个时期，要确保体重周周达标，以保证高峰期的维持。

每周龄末，在早晨鸡群尚未给料空腹时，定时称测1%~2%的鸡群体重；所称的鸡只，要定点抽样，每次称测点应固定，每列鸡群点数不少于3只，分布均匀。

当平均体重低于标准30克以上时，应及时添加营养，如1%~2%植物油脂，连续拌4~6天。

12. 产蛋高峰期应如何加强环境控制？

（1）通风管理　通风管理是饲养管理的重中之重，高峰期一般采用相对谨慎的通风方式，在设定舍内目标温度、舍内风速控制等方面需谨慎。高峰期，产蛋鸡群舍内温度要控制在13~25℃，昼夜温差控制在3~5℃，湿度50%~65%，保持空气清新，风速适宜，冬季0.1~0.2米/秒，环境稳定。

春、秋季，鸡舍通风以维持温度的相对稳定为主。昼夜温差控制在3~5℃；舍温随季节上升或下降时，每天温度调整幅度不超过0.5℃。建议春初、秋末时，使用横向通风方式，其他时间使用纵向通风。

到了炎热的夏季，通风以防暑降温为主，要求舍内温度控制在32℃以下，建议使用纵向通风方式。通过增大通风量，降低鸡只体感温度。有条件的养殖场（户），建议使用湿帘降温系统，根据不同风速产生的风冷效果，结合舍内实际温度，确定所需要的风速，然后根据所需风速确定风机启动个数。

冬季以防寒保温为主。要求舍内温度控制在13℃以上，建议采用横向通风方式。在满足鸡只最小呼吸量［计算依据：0.015米³/（千克体重/分钟）］的基础上，尽量减少通风量；根据计算的最小通风量，确定风机启动个数和开启时间。

（2）光照管理　合理的光照能刺激排卵，增加产蛋量。生产中应从蛋鸡20周龄开始，每周增加光照时间30分钟，直到每天达到16小时为止，以后每天光照16小时，直到产蛋鸡淘汰前4周，再把光照时间逐渐增加到17小时，直至蛋鸡淘汰。人工补充光照，以每天早晨天亮前效果最好。补充光照时，舍内地面以每平方米3~5瓦为宜。灯距地面2米左右，最好安装灯罩聚光，灯与灯之间的距离约3米，以保证舍内各处得到均匀的光照。

（3）温度管理　产蛋鸡最适宜的温度是13~23℃，温度过高过低均不利于产蛋。要保持鸡舍有一个适宜的温度，在夏季应注意鸡舍通风，可以加大换气扇的功率，改横向通风为纵向巷道式通风，使流经鸡体的风速加大，带走鸡体产生的热量。如结合喷水洒水，适当降低饲养密度，能更有效地降低舍内的温度。

（4）湿度管理　产蛋鸡适宜的湿度为60%~70%，如果舍内湿度过低，就会导致鸡羽毛紊乱，皮肤干燥，羽毛和喙、爪等色泽暗淡，并且极易造成鸡体脱水和引起鸡群的呼吸道疾病。如果舍内温度过高，就会使鸡呼吸时排散到空气中的水分受到限制，鸡体污秽，病菌大量繁殖，易引发各种疾病，引起产蛋量的下降。因此生产中可通过加强通风，雨季采用室内放生石灰块等办法降低舍内湿度；通过空间喷雾提高舍内空气湿度。

13. 产蛋高峰期应如何加强防疫管理？

处于高峰期的鸡群，体质与抗体消耗均较大，抵抗力较低，为各种疾病提供了可乘之机，因此在高峰阶段应严抓防疫关，杜绝烈性传染病的发生，降低条件性疾病发生的概率。重点做好以下工作。

（1）关注抗体水平　制订详细的新城疫，禽流感 H9、H5 抗体监测计划，建议每月监测 1 次，抗体水平低于保护值时，及时补免；推荐 2 个月免疫 1 次新支二联活疫苗，3~5 个月免疫 1 次禽流感灭活疫苗。

（2）产蛋高峰期新城疫疫苗的使用

① 使用时间。母鸡在开产前 120 天左右，需注射新城疫Ⅰ系苗和新城疫油苗，Ⅰ系苗的毒力相对Ⅱ系、Ⅲ系、Lasota 株、clone-30 株等较强，生成体液抗体及细胞免疫抗体较高，可抵抗新城疫野毒及强毒的侵袭；新城疫油苗注射后，21 天后可产生坚强的体液免疫抗体，抗体维持时间半年以上。

② 加强免疫。生产实践中，Ⅰ系苗的抗体效力能维持两个月左右，之后新城疫黏膜抗体及循环抗体便会逐渐降低，不能抵抗新城疫强毒以及野毒的侵入，此时若群体内抗体不均匀或低下便会发病；所以母鸡在高峰期 180 天左右就必须加强免疫来提高新城疫黏膜抗体水平以及循环抗体水平，最晚不能到 200 天；加强免疫可选用新城疫弱毒苗 Clone-30 株或 V4S 株、VG/GA 株等毒力较弱且提升、均匀抗体能力强的毒株，既能提升抗体，对鸡群反应又较小。

180~200 天免疫后，每隔一个月或一个半月，可根据鸡群状况做加强免疫，鸡群状况可根据蛋壳颜色、鸡冠变化做出判断。

也可以参考下列免疫程序：100~120 日龄用新城疫Ⅳ系疫苗喷雾或点眼、滴鼻，用新城疫灭活苗注射免疫。170~200 日龄用新城疫Ⅳ系或新威灵疫苗喷雾免疫 1 次，以后每隔一个月或一个半月，用新城疫Ⅳ系疫苗或新威灵喷雾免疫 1 次；或根据当地流行病学及抗体监测情况，在 140~150 日龄再用新城疫单联油苗和活苗加强免疫，确保鸡群在整个产蛋高峰期维持高的抗体水平，保证鸡群平稳度过产蛋高峰期。

（3）产蛋高峰期的药物预防　加强对产蛋高峰期鸡群的饲养管理，提高机体抗病力。采用高品质饲料，保证营养充足均衡，饮水中添加适量的电解多维。提供适宜的环境条件，舍温应在 14℃以上，防止舍内温度忽高忽低，合理通风，保持一定的湿度。根据天气情况及鸡群状态适量投服药物，控制沙门氏菌、大肠杆菌、支原体、球虫等疾病的发生，使机体保持较好的抗病力。

生产实践证明，在各种疫苗免疫比较成功的前提下，如果能很好地控制大肠杆菌、沙门氏菌、支原体等细菌性疾病，有利于提高母鸡自身抵抗力，减少禽流感、新城疫、产蛋下降综合征等病毒性疾病。

（4）定期驱虫　母鸡在青年期已经驱过两次蛔虫、线虫和多次球虫了，但进入高峰期后，仍应坚持定期驱虫，特别是经过夏天虫卵繁殖迅速季节的鸡，除应注意蛔虫、线虫、球虫外还应注意绦虫的发生；所以高峰期内，如发现鸡群营养不良或粪便内有白色虫体时，应注意驱虫。可以使用左旋咪唑、吡喹酮、阿维菌素等对产蛋没有影响或影响较小的药物。近年来，产蛋鸡隐性球虫的发生率有所增加，应加强预防。

14. 产蛋高峰期应如何加强应激管理？

应激是指鸡群对外界刺激因素所产生的非特异性反应，主要包括停水、停电、免疫、转群、过热、噪声、通风不良等。鸡只处于应激期，将丧失免疫功能、生长与繁殖等非必需代谢基本功能，造成生长缓慢、产蛋量下降、饲料利用率降低等。

（1）制定预案　针对本场的实际情况，制定相应的各种应激事故预防预案，如转群管理应激控制预案，断水、断电控制预案、通风不良控制预案等。

对一些非可控应激因素，如免疫应激、夏季高温应激、转群应激等，建议投喂 0.03% 的维生素 C、维生素 E 或其他抗应激药物，在饲料中添加或饮水投喂电解多维，可以减少和抵抗各种应激。

（2）员工培训　结合实际情况，加强宣传和教育，要让每一名员工了解应激的危害，进而约束个人行为（如大声喧哗、粗暴饲养等）；同时确保正常生产过程中遇到特殊情况（如转群、断电、免疫）时，员工能按要求正确应对，确保鸡群生产稳定。

组织全体人员特别是有关人员认真学习、掌握预案的内容和相关措施。定期组织演练，确保在工作的过程中尽量避免应激的产生，同时对于突发的应激事故，可以有条不紊地开展事故应急处理工作。

15. 如何判断产蛋高峰期鸡群健康状况？

（1）检查鸡冠，判断鸡群健康状况　鸡冠是鸡的第二性征，鸡冠的发育良好与否，与鸡群本身健康状况有很大关系；鸡冠正常呈鲜红色，手捏质地饱满且挺直；鸡进入产蛋期后，由于营养物质的流失，特别是高产鸡，鸡冠都不同程度地有些发白和倾斜，表明是营养供应不足；如鸡冠顶端发紫或深蓝色，则见于高热疾病，如新城疫、禽流感、鸡霍乱等；如见鸡冠上面有黑色坏死点，除鸡痘和蚊虫叮咬外，应考虑禽流感、非典型新城疫或鸡白痢等；如果鸡冠苍白、萎缩或颜色淡黄，手捏质地发软，则常见于禽流感、非典型新城疫、产蛋下降综合征、变异性传染性支气管炎；如果鸡冠萎缩得特别严重，那么输卵管也会萎缩；如鸡冠表面颜色淡黄且上面挂满石灰样白霜，则见于产蛋鸡白痢、大肠杆菌等细菌性疾病；如鸡冠整个呈蓝紫色，且鸡冠发软，上面布满石灰样白霜，则基本丧失生产性能，属淘汰之列。

（2）观察蛋壳质量和颜色，判断鸡群健康状况　褐壳蛋鸡品种正常蛋壳表面均匀，呈褐色或褐白色。异常蛋壳的出现，如软壳蛋、薄壳蛋，多为缺乏维生素 D_3 或饲料中钙含量不足所致；蛋壳粗糙，多是饲料中钙、磷比例不当，或钙质过多引起，若蛋壳为异常的白壳或黄壳，则是大量使用四环素或某些带黄色易沉淀的物质所致；蛋壳由棕色变白色，应怀疑某些药物使用过多，或鸡患新城疫或传染性喉气管炎等传染病。

（3）观察鸡群外表，判断鸡群健康状况　正常的高产鸡鸡冠会随产蛋日期增长而微有发白，脸部呈红白色，嘴部变白，脚部逐渐由黄变白；肛门扁圆形湿润，摸裆部有四指或三指，腹部柔软，如出现裆部少于二指的鸡应挑选出来；如产蛋高峰期的鸡，鸡冠、脸鲜红色，鸡冠挺直，羽毛鲜亮，腿部发黄，则为母鸡雄性化的表现，不是高产鸡，应挑选、淘汰；如鸡群中有鸡精神沉郁，眼睛似睁似闭，则应挑出，单独饲养。

观察鸡群羽毛发育情况，如果鸡群头顶脱毛，且脚趾开裂，则为缺乏泛酸（维生素 B_3）的症状；如脚趾开裂且整个腿部跗关节以下鳞片角化严重，则为锌缺乏症状，应及时补充。

（4）观察产蛋情况，判断鸡群健康状况

① 看产蛋量。产蛋高峰期的蛋鸡，产蛋量有大小日，产量略有差异是正常的。但若波动较大，说明鸡群不健康；突然下降20%，

可能是受惊吓、高温环境或缺水所引起，下降40%~50%，则应考虑蛋鸡是否患有减蛋综合征或饲料中毒等。

② 看蛋白。蛋白变粉红色，则是饲料中棉籽饼分量过高，或饮水中铁离子偏高的缘故。蛋白稀薄是使用磺胺药或某些驱虫药的结果。蛋白有异味是对鱼粉的吸收利用不良。蛋白有血斑、肉斑，多为输卵管发炎，分泌过多黏液与少量血色素混合的产物。蛋白内有芝麻状大小的圆点或较大片块，是蛋鸡患前殖吸虫病。

③ 看产蛋时间。70%~80%的蛋鸡多在12时前产蛋，余下20%~30%于14—16时前产完。如果发现鸡群产蛋时间参差不齐，甚至有夜间产蛋，均属异常表现，说明鸡群中已有鸡只发病。

16. 蛋鸡无产蛋高峰的主要原因有哪些？

（1）饲养管理方面

① 饲养密度太大。由于受资金、场地、设备等因素的限制，或者饲养者片面追求饲养规模，养殖户育雏、育成的密度普遍偏高，直接影响育雏、育成鸡的质量。

② 通风不良。育雏早期为了保暖，门窗均封得严，舍内的空气污浊，雏鸡生长在这样的环境中，流泪、打喷嚏、患关节炎等，处于一种疾病状态，严重影响生长发育，鸡的质量难以达标。

③ 饲槽、饮水器有效位置不够，致使鸡群均匀度差。由于育雏的有效空间严重不足，早期料桶、饮水器的数量不可能很多，造成鸡群均匀度差。

④ 同一鸡舍进入不同批次的鸡。个别养殖场（户），在同一鸡舍装入不同日龄的鸡群，由于不同的饲养管理，不同疫病的防治措施，不同的光照制度等因素，也是造成整栋鸡舍鸡产蛋不见高峰的原因之一。

⑤ 开产前体成熟与性成熟不同步。一般分为两种情况，一种是见蛋日龄偏早，产蛋率攀升的时间很长，表现为产蛋高峰上不去，高峰持续时间短，蛋重轻，死亡淘汰率高；另一种是见蛋日龄偏迟，全期耗料量增加，料蛋比高。

⑥ 产蛋阶段光照不稳定或强度不够。实践证明，蛋鸡每天有

14~15 小时的光照就能满足产蛋高峰期的需求。补光时一定要按时开关灯，否则就会扰乱蛋鸡对光刺激形成的反应。电灯应安装在离地面 1.8~2 米的高度，灯与灯之间的距离相等，40 瓦灯泡，补充光照只宜逐渐延长，在进入高峰期时，光照要保持相对稳定，强度要适合。

⑦ 产蛋高峰期安排不合理。蛋鸡的产蛋高峰期在 25~35 周龄，此时蛋鸡产蛋生理机能最旺盛，必须有效利用这一宝贵的时期。若在早春育雏，鸡群产蛋高峰期就在夏季，由于天气炎热，鸡采食减少，多数鸡场防暑降温措施不得力，或者虽有一定的措施，但也很难达到鸡产蛋时期最适宜的温度。

（2）饲料质量　目前市场上销售的饲料由于生产地区、单位和批次的不同，其质量也参差不齐，存在掺杂使假或有效成分含量不足的问题。再者说，拿同一种料，养不同品种、不同羽色、不同体型的鸡，难以适合鸡群对代谢能、粗蛋白、氨基酸、钙、磷的需求。质量差的饲料，代谢能偏低，粗蛋白水平相对不低，但杂粮的比例偏高，饲料的利用率则会存在很大的差异。养殖户多不注意这点，不从总耗料、体增重、死淘率、产蛋量、料蛋比、淘汰鸡的体重诸方面算总账，而是片面地盲从于某种饲料的价格。

（3）疾病侵扰　传染病早期发病造成生殖系统永久性损害（如传染性支气管炎），使鸡群产蛋难以达到高峰。

蛋鸡见蛋至产蛋高峰上升期相当关键，大肠杆菌病、慢性呼吸道病最易发生，经常造成卵黄性腹膜炎、生殖系统炎症而使产蛋率上升停滞或缓慢，甚至下降。

17. 产蛋后期鸡群有哪些特点？

当鸡群产蛋率由高峰降至 80% 以下时，就转入了产蛋后期（48 周至淘汰）。这个阶段，鸡群的生理特点如下。

① 鸡群产蛋性能逐渐下降，蛋壳逐渐变薄，破损率逐渐增加。

② 鸡群产蛋所需的营养逐渐减少，多余的营养有可能变成脂肪使鸡变肥。

③ 产蛋后期抗体水平逐渐下降，对疾病抵抗力也逐渐减弱，且对各种应激比较敏感。

④ 部分寡产鸡开始换羽。产蛋后期（48 周至淘汰）是鸡群生产性能平稳下降的阶段，这个阶段鸡只体重几乎没有变化，但是蛋重增大、蛋壳质量变差，且脂肪沉积，易患输卵管炎、肠炎。然而整个产蛋后期占到了产蛋期接近 50% 的比例，且部分养殖户在 500 多日龄淘汰时，产蛋率仍维持在 70% 以上的水平，所以产蛋后期生产性能的发挥直接影响养殖户的收益水平。

这些现象出现的早晚，与高峰期和高峰期前的管理有直接关系。因此应调查日粮中的营养水平，以适应鸡的营养需求并减少饲料浪费，降低饲料成本。

18. 产蛋后期鸡群的管理要点有哪些？

（1）饲料营养调整

① 适当降低日粮营养浓度，防止鸡只过肥造成产蛋性能快速下降，加大杂粮类原料的使用比例。若鸡群产蛋率高于 80%，可以继续使用产蛋鸡高峰期饲料；低于 80%，则应使用产蛋后期料。喂料时，实施少喂、勤添、勤匀料的原则。料线不超过料槽的 1/3；加强匀料环节，保证每天至少匀料 3 遍，分别在早、中、晚。

② 增加日粮中钙的含量。产蛋高峰期过后，蛋壳品质往往很差，破蛋率增加，在每日下午 3~4 点钟，在饲料中额外添加贝壳砂或粗粒石灰石，可以加强夜间形成蛋壳的强度，有效地改变蛋壳品质。添加维生素 D_3 能促进钙磷吸收。

后期饲料中钙的含量，42~62 周龄为 3.60%，63 周龄后 3.80%。贝壳、石粉和磷酸氢钙是良好的钙来源，但要适当搭配，有的石粉含钙量较低，有的磷酸氢钙含氟量较高，要注意氟中毒。如全用石粉则会影响鸡的适口性，进而影响食欲，在实践中贝壳粉添 2/3，石粉添 1/3，不但蛋壳强度好，而且很经济。多数母鸡都是夜间形成蛋壳，第 2 天上午产蛋。在夜间形成蛋壳期间母鸡感到缺钙，如下午供给充足的钙，让母鸡自由采食，它们能自行调节采食量。在蛋壳形成期间吃钙量为正常情况下的 92%，而非形成蛋壳期间仅为 86%。因此下午 3~4 点是补钙的黄金时间，对于蛋壳质量差的鸡群每 100 只鸡每日下午可补充 500 克贝壳或石粉，让鸡群自由采用。

③ 产蛋后期体重监测。轻型蛋鸡（白壳）产蛋后期一般不必限饲。中型蛋鸡（褐壳）为防止产蛋后期过肥，可进行限饲，但限饲的最大量为采食量的 6%~7%。限饲要在充分了解鸡群状况的条件下进行，每周监测鸡群体重，称重结果与所饲养的品种标准体重对比，超重再限饲，直到体重达标。观测肥鸡、瘦鸡的比例，调整饲喂计划，及时淘汰寡产鸡。

在饲料中添加 0.1%~0.15% 的氯化胆碱，可以有效防止产蛋高峰期过后鸡体肥胖和产生脂肪肝。

（2）加强日常管理　严格执行日常管理操作规范，特别是要防止鸡只过度采食，变肥而影响后期产蛋。

① 控制好适宜的环境。环境的适宜与稳定是产蛋后期饲养管理的关键点。如：温度要保持稳定，鸡群适宜的温度是 13~24℃，产蛋的适宜温度在 18~24℃。保持 55%~65% 的相对湿度和新鲜清洁的空气。注意擦拭灯泡，确保光照强度维持在 10~20 勒克斯，严禁降低光照强度、缩短光照时间和随意改变开关灯时间。

② 加强鸡群管理，减少应激。及时检修鸡笼设备，鸡笼破损处及时修补，减少鸡蛋的破损；防止惊群引起的产软壳蛋、薄壳蛋现象。经常观察鸡群的采食、饮水、呼吸、精神和产蛋等情况，发现问题及时解决。做好生产记录，便于总结经验、查找不足。

随着鸡龄的增加，蛋鸡对应激因素越来越敏感。要保持鸡舍管理人员的相对稳定，提高对鸡群管理的重视程度，尽量避免陌生人或其他动物闯入鸡舍，避免停电、停水、称重等应激因素。

③ 及时剔除弱鸡、寡产鸡。

④ 减少破损，提高蛋的商品率。

⑤ 做好防疫管理工作。主要做好以下三点工作。

加强卫生管理：严格按照每周卫生清扫计划打扫舍内卫生。进入产蛋后期，必须保证舍内环境卫生及饮水的清洁卫生，避免条件性疾病的发生。饮水管或者饮水槽每 1~2 周消毒一次（可用过氧乙酸溶液或高锰酸钾溶液）。

根据抗体水平的变化实施免疫：有抗体检测条件的根据抗体水平的变化实施免疫新城疫和禽流感疫苗；没有抗体检测条件的，新城疫每 2 个月免疫一次，禽流感每 3~4 个月免疫一次油苗。

预防坏死性肠炎、脂肪肝等病的发生：夏季是肠炎的高发季节，除做好日常的饲养管理外，要做好疾病的预防与治疗。防止霉菌毒素、球虫感染损伤消化道黏膜而引起发病；保护肠道黏膜，减少预防性用药次数，增加用药间隔时间。

19. 怎样及时剔除弱鸡、寡产鸡？

饲养蛋鸡的目的是为了得到鸡蛋，如果鸡不再产蛋应及时剔除，以减少饲料浪费。同时部分寡产鸡是因病休产，更应及时剔除，以防疾病扩散，一般每 2~4 周检查淘汰一次。可从以下几个方面，挑出病弱、寡产鸡。

（1）看羽毛　产蛋鸡羽毛较陈旧，但不蓬乱，病弱鸡羽毛蓬乱，寡产鸡羽毛脱落，正在换羽或已提前换完羽。

（2）看冠、肉垂　产蛋鸡冠、肉垂大而红润，病弱鸡苍白或萎缩，寡产鸡已萎缩。

（3）看粪便　产蛋母鸡排粪多而松散，呈黑褐色，顶部有白色尿酸盐沉积或呈棕色（由盲肠排出），病鸡有下痢且颜色不正常，寡产鸡粪便较硬，呈条状。

（4）看耻骨　产蛋母鸡耻骨间距（竖裆）在 3 指（35 毫米）以上，耻骨与龙骨间距（横裆）4 指以上。

（5）看腹部　产蛋鸡腹部松软适宜，不过分膨大或缩小。有淋巴白血病、腹腔积水或卵黄性腹膜炎的病鸡，腹部膨大且腹内可能有坚硬的疙瘩，寡产鸡腹部狭窄收缩。

（6）看肛门　产蛋鸡肛门大而丰满，湿润，呈椭圆形。寡产鸡肛门小而皱缩，干燥，呈圆形。寡产鸡的体质、肤色、精神、采食、粪便、羽毛状况与高产鸡不一样。

20. 怎样减少鸡蛋破损，提高蛋的商品率？

鸡蛋的破损给蛋鸡生产带来严重损失，特别是产蛋后期更加严重。

（1）造成产蛋后期鸡蛋破损的主要因素

① 遗传因素。蛋壳强度受遗传影响，一般褐壳蛋比白壳蛋蛋壳

强度高，破损率低，产蛋多的鸡比产蛋少的鸡破损率高。

② 年龄因素。鸡开产后随鸡的年龄增长，蛋逐渐增大，随着蛋的增大，其表面积也增大，蛋壳因而变薄，蛋壳强度降低，蛋易破损，后期破损率高于全程平均数。

③ 气温和季节的影响。高温与采食量、体内的各种平衡、体质有直接关系，从而影响蛋壳质量，导致强度下降。

④ 某些营养不足或缺乏。如果日粮中的维生素 D_3、钙、磷和锰有一种不足或缺乏时，都会导致蛋壳质量变差而易破损。

⑤ 疾病。鸡群患有传染性支气管炎、减蛋综合征、新城疫等疾病之后，蛋壳质量下降，软壳、薄壳、畸形蛋增多。

⑥ 鸡笼设备。当笼底网损坏时，易刮破鸡蛋，收蛋网角度过大时，鸡蛋易滚出集蛋槽摔破；角度较小时，鸡蛋滚不出笼易被鸡踩破。鸡笼安装不合理也易引起蛋被鸡啄食。每天拣蛋次数过少，常使先产的蛋与后产的蛋在笼中相互碰撞而破损。

（2）减少产蛋后期破损蛋的措施

① 查清引起破损蛋的原因，掌握本场破损蛋的正常规律，发现蛋的破损率偏高时，要及时查出原因，以便尽快采取措施。

② 保证饲料营养水平。

③ 加强防疫工作，预防疾病流行。对鸡群定期监测抗体水平，抗体效价低时应及时补种疫苗；尽量避免场外无关人员进入场区；及时淘汰专下破蛋的母鸡。

④ 及时检修鸡笼设备。鸡笼破损处及时修补，底网角度在安装时要认真按要求放置。

⑤ 及时收拣产出的蛋。每天拣蛋次数应不少于 2 次。

⑥ 防止惊群。每天工作按程序进行，工作时要细心，尽量防止惊群引起的产软壳蛋、薄壳蛋现象。

21. 春季产蛋鸡的饲养管理重点要关注哪些要点？

蛋鸡在一个产蛋周期（19~72 周龄）的生产水平决定于其产蛋高峰所处的季节，一般立春前后上产蛋高峰的鸡群比立夏前后上高峰的鸡群平均饲养日产蛋数多 5~8 枚。春季气温开始回升，鸡的生理机能日益旺盛，各种病菌易繁殖并侵害鸡体。因此，必须注意鸡的防疫和保健。

（1）关注鸡群产蛋率上升的规律，加强鸡群饲养管理 立春过后，外界气温逐渐回升，适合鸡群产蛋需要，当鸡舍温度上升至15℃时，产蛋高峰期（23~40周龄）、中期（41~55周龄）和后期（56~72周龄）鸡群产蛋均有上升的趋势。但是，随着温度升高，鸡群的采食量降低。因此，饲养管理者要认真做好鸡群的日常饲养管理工作，必须保证供给鸡群优质、营养均衡、新鲜充足的饲料，尤其处于产蛋高峰期的鸡群，必须让鸡吃饱、吃好，维持体能，以缓解产蛋对鸡体造成的消耗，为夏季做好储备；保证水质、水源的绝对安全，并保障鸡群充足的饮水，以免影响产蛋潜能的发挥。

（2）关注温度对鸡群产蛋的影响，正确处理保温和通风的矛盾 寒冷的冬季，由于绝大多数产蛋鸡舍没有供暖设施，鸡舍的热源主要来自于鸡群自身。鸡舍要保持在13~18℃的产蛋温度范围内，昼夜温差不可超过3℃，每小时不超过0.5℃，鸡笼上下层、鸡舍前中后的温差不超过1℃。鸡舍一般采取最小通风模式，保证冬季鸡舍的最小换气量（采取间歇通风模式，风机开启时间为9.6小时）。特别注意根据气温的变化及时调整风机开关数量及通风口的大小，达到既满足换气的需要，又实现调节温度的目的。

春季昼夜温差大，尤其是"倒春寒"现象，导致外界温度变化剧烈，极容易造成鸡群产蛋的不稳定，鸡群产蛋率一周波动范围达到2%~3%，这就对管理者提出了很高的要求。遇到倒寒天气时，管理上要以换气为主，通风为辅，减少温度的波动，及时上调风机的控制温度，减少风机的工作频率，通过调整小窗大小来减少进风量，保证温度平稳、适宜，减少温度波动造成的应激；遇到大风或沙尘天气时，进风量与风速是主要的控制点，应合理控制小窗开启的距离、数量，以减少进风量，减缓风速，防止贼风奇袭和减少粉尘。

（3）关注产蛋鸡群抗体消长规律，做好免疫、消毒 春季万物复苏，细菌病毒繁殖速度加快，尤其是养鸡多年的场区，极易暴发传染性支气管炎、鸡新城疫、禽流感等疾病，对产蛋造成不可恢复的影响。因此，春季应关注产蛋鸡群传染性支气管炎、鸡新城疫、禽流感等病毒病抗体的消长规律，适时补免，以维持产蛋的稳定。

① 保证均匀有效的抗体。根据本场的具体情况，制定详细的免疫程序，坚持保质完成免疫，特别是禽流感和新城疫。由于春季是禽流感和新城疫的高发季节，建议新城疫免疫每两个月气雾免疫一次（可以新城疫–传染性支气管炎二联苗与新城疫 Lasota 系交替使用）；流感免疫四个月注射免疫一次，并随时关注抗体变化。

加密抗体监测频率，在外界环境相对稳定的情况下，根据本场的具体情况可以一个月监测 1 次，如果外界环境不稳定，并且本场自身免疫程序不完善，则有必要每半个月监测 1 次。新城疫、传染性支气管炎、禽流感等病毒性疾病的抗体水平必须长期跟踪、时时关注。如遇到抗体变化异常，周围情况不稳定或有疫情发生时，要及时地采取隔离封锁，适时加免，全群紧急免疫等措施，以增加抗体水平，提高鸡群免疫力。

注意春季疾病的非典型症状。例如非典型新城疫主要发生于免疫鸡群和有母源抗体的雏鸡。当雏鸡和育成鸡发生非典型新城疫时，往往常见呼吸道症状，表现为呼吸困难，安静时可听见鸡群发出明显的呼噜声，病程稍长的可出现神经症状，如头颈歪斜、站立不稳，如观星状。病鸡食欲减退，排黄绿色稀便。成年鸡因为接种过几次疫苗，对新城疫有一定的抵抗力，所以一般只表现明显的产蛋下降，幅度为10%~30%，半个月后开始逐渐回升，直至 2~3 个月才能恢复正常。在产蛋率下降的同时，软壳蛋增多，且蛋壳褪色，蛋品质量下降，合格率降低。

② 控制微生物滋生，把握内外环境的消毒。一些养殖场（户）为避免春季不稳定因素给鸡群带来的疾病困扰，则选择了减少通风，导致了鸡舍内有害气体超标以及病原微生物大量滋生，给鸡群带来了更大的危害。

要养成白天勤开窗，夜间勤关窗，平时勤观察温度的习惯。当上午太阳出来，气温上升时，可将通风小窗或者棚布适当打开，以保证舍内有足够的新鲜空气；当傍晚气温下降时，再将小窗等通风设施关闭好，以保证夜间舍内温度。

同时要做好舍内外环境以及饮水管线的消毒，尽可能降低有害物质。内环境消毒时，要选择对鸡只刺激性小的消毒药。可每天带鸡消毒1次，条件不允许的情况下，也要保证每周3次的带鸡消毒；消毒药可选择戊二醛类或季铵盐类。外环境消毒时，可适当选择对病毒有一定杀灭作用的消毒药，例如火碱或碘制剂；在消毒过程中要选择两种或两种以上消毒药交替使用，可有效地避免微生物耐药性。要定期消毒饮水管线，可每周消毒1次或每半月消毒1次，消毒药可选用高锰酸钾，消毒药的浓度一定要准确。

③ 适时预防投药。此时期根据鸡群状况可以采取预防性投药，特别是各种应激发生前后（如转群、免疫、天气发生急剧变化）应及时给予多维和抗生素的补充。尤其鸡群人工输精以后应当根据其输卵管状况、产蛋情况，适时地对输卵管进行预防性投药，防止输卵管炎。

（4）关注硬件设施对鸡群产蛋的影响 为了保证鸡群的产蛋性能在春季得到更好的发挥，要关注硬件设施设备的改进，以减少应激对鸡群的影响。

春季对鸡群的应激因素主要有：昼夜温差大、"倒春寒"、日照时间长（对开放、半开放鸡舍的影响大）和条件性疾病的发生率高等。而这些因素的消除无不取决于鸡舍的硬件设施。春季是鸡群大肠杆菌病、呼吸道等条件性疾病的高发季节，改善饲养管理条件、提高鸡舍卫生水平、做好换季时的通风管理，是降低发病率的有效措施。尤其是鸡舍硬件设施改进后，可以使通风更加科学合理、鸡群生存的环境更加舒适、卫生条件得以改善、降低了条件性疾病的发生概率，进而将季节因素对鸡群生产性能的影响降至最小。

22. 春季如何对不同生长阶段的鸡进行饲养管理?

（1）春季雏鸡的饲养管理 每年3—4月孵出的鸡为春雏，这个时期北方气候逐渐转暖，对雏鸡生长有利，育雏成活率高，新鸡到当年8—9月开产，此时正是上年老鸡产蛋下降季节，能弥补淡季市场鲜蛋供应的不足，且产蛋期能延续到第二年秋末才换羽停产，经济效益较高。

每年4月下旬至5月孵出的鸡为晚春雏，这时气候转暖，管理省事，降低了保温成本，育雏成活率较高。新鸡在当年秋末冬初开产，高峰期在春节前，鸡蛋价格较高，能取得较好的经济效益。

无论是春雏还是晚春雏，最好都实行高温育雏。由于雏鸡刚出壳后卵黄没有吸收好，体质较弱，抵抗力差，采用高温育雏能促进卵黄吸收，降低死亡率。第一周35~36℃，往后每周降低2℃。由于育雏期温度较高，舍内湿度较低，容易干燥，造成尘埃飞扬，极易造成异物性气管炎。因此，应定期增加湿度，可带鸡喷雾消毒，也可在炉子上放一铁盆，定期放入含氯消毒剂，达到消毒和增加湿度两个目的。一般育雏期湿度为65%~70%。

为了防止发生啄癖，春季育雏时要对断喙。一般第一次在6~10日龄，第二次14~16周龄，用专门工具将上喙断去1/2~2/3，下喙断去1/3。有的养殖户怕发生啄癖，一次断去太多，上喙变成肉瘤，严重影响采食和生长；也有的舍不得断，到产蛋时发生啄癖。

1~2周以保温为主，但不要忘记通风，第3周应增加通风量；饲养后期随鸡生长速度的加快，鸡只需要氧气增加，此阶段的通风换气尤为重要。春季应在保温的同时，定时通风换气，以减少舍内尘埃、二氧化碳和氨气等有害气体的浓度，降低舍内湿度，使空气保持新鲜，从而达到减少呼吸道、肠道疾病发生的目的。

育雏期容易发生的疾病有鸡白痢、脐炎、肠炎、法氏囊病、球虫等，应定期投放药物预防，同时做好防疫工作。

（2）春季调控后备鸡群生长发育　后备鸡群体型、体重的达标与否、均匀度、性成熟直接影响产蛋性能的高低，直接关系到养鸡经济效益。

由于鸡的骨骼在最初10周内生长迅速，8周龄雏鸡骨架可完成75%，12周龄完成90%以上，之后生长缓慢，至20周龄骨骼发育基本完成。体重的发育在20周龄时达全期的75%，以后发育缓慢，36~40周龄生长基本停止。

为了避免出现胫长达标而体重偏轻、胫长不达标而体重超标的鸡群，在育成鸡要适当限饲。一般8周龄开始，有限量和限质两种方法。生产中多采用限量法，因为这样可保证鸡食入的营养平衡。限量法要求饲料质量良好，每日将鸡的采食量减少为自由采食量的80%

左右，具体喂量要根据鸡的品种、鸡群状况而定。

为避免出现早产、蛋小、脱肛、推迟开产等现象，育成期必须控制光照。为促其产蛋，只要具备下列条件之一，就应进行光刺激：一是体重达开产体重时，以增加光照来刺激其产蛋，促使卵泡的形成，抑制体型体重的继续生长，从而提高整个产蛋期的产蛋量和蛋料比；二是当群体产蛋率达5%时，及时给予光刺激，以满足其生殖发育的需要；三是如果是轻型蛋鸡达20周龄时仍未见蛋，应及时给予光刺激来提高产蛋量。

（3）春季加强蛋鸡开产前的饲养管理　开产前数周是母鸡从生长期进入产蛋期的过渡阶段。此阶段不仅要转群上笼、选留淘汰、免疫接种、饲料更换和增加光照等，给鸡造成极大应激，而且这段时间母鸡生理变化剧烈、敏感，适应力较弱，抗病力较差，如果饲养管理不当，极易影响产蛋性能。

①上笼。现代高产杂交配套蛋鸡一般在120日龄左右见蛋，因此必须在100日龄前上笼，让新母鸡在开产前有一段时间熟悉和适应环境，并有充足时间进行免疫接种、修喙、分群等工作。如果上笼过晚，会推迟开产时间，影响产蛋率上升；已开产的母鸡由于受到转群等强烈应激也可能停产，甚至有的鸡会造成卵黄性腹膜炎，增加死淘数。如过早则影响生长，某地养鸡户于60日龄时过早上笼因鸡太小，水槽太高，喝不上水而造成大批死亡。

②分类入笼。上笼后及时淘汰体型过小、瘦弱和无饲养价值的残鸡，对于体重较小的鸡则装在温度较高、阳光充足的南侧笼内适当增加维生素E、微量元素、优质鱼粉等营养，促进其生长发育，但喂料量应适当控制，以免过肥。过大鸡则应适当限饲。

③免疫接种。开产前要把应该免疫接种的疫苗全部接种完，流感灭活苗应接种两次，相隔30天左右，喉气管炎疫苗最好擦肛。接种后要检查接种效果，必要时检测抗体，确保免疫接种效果，使鸡群有足够的抗体水平。

④驱虫。开产前要做好驱虫工作，110~130日龄的鸡，每千克体重用左旋咪唑20~40毫克，拌料喂饲，每天一次，连用2天以驱除蛔虫；每千克体重用硫双二氯酚100~200毫克，拌料喂饲，每天

一次，连用 2 天以驱绦虫。

⑤ 增加光照。体重符合要求或稍大于标准体重的鸡群，可在 16~17 周龄时将光照时数增至 13 小时，以后每周增加 30 分钟直至光照时数达到 16 小时，而体重偏小的鸡群则应在 130 日龄，鸡群产蛋时开始光照刺激。光照时数应渐增，如果突然增加的光照时间过长，易引起脱肛；光照强度要适当，不宜过强或过弱，过强易产生啄癖，过弱则起不到刺激作用。开放鸡舍育成的新母鸡，育成期受自然光照影响，光照强，开产前后光照强度一般要保持在 15~20 勒克斯，否则光照效果差。

⑥ 更换饲料。开产前 2 周骨骼中钙的沉积能力最强，为使母鸡高产，降低蛋的破损率，减少产蛋鸡疲劳症，增加光照时要将育成料及时转换为产蛋前期料（含钙 2%）或产蛋高峰料（含钙量为 3.5%）。

（4）春季对产蛋期蛋鸡的饲养管理　在气候多变的春季，饲养蛋鸡的目的是保持稳产和高产。

① 保温与通风。春季虽然舍外气温逐渐升高，但气候多变，早晚温差大。产蛋鸡每日采食量、饮水量较多，排粪也多，空气易污染，影响鸡的健康，降低产蛋率。因此，必须注意通风换气，使舍内空气新鲜。在通风换气的同时，还要注意保温。要根据气温高低、风力、风向而决定开窗次数、大小和方向。要先开上部的窗户，后开下部的；白天开窗；夜间关闭，温度高时开窗，温度低时关窗；无风时开窗，有风时关窗。这样可避免春季发生呼吸道疾病，又可提高产蛋率。

② 光照管理。春季昼短夜长，自然光照不足，必须补充人工光照，以创造符合蛋鸡繁殖生理所需要的光照。方法是将带有灯罩的 25 瓦或 40 瓦灯泡（按每平米 3 瓦的量计算）悬吊距地面约 2 米高处，灯与灯之间距离约 3 米。若有多排灯泡应交错分布，以使地面获得均匀光照和提高电灯的利用率。要采取早晚结合补光法，补光时间相对固定，防止忽前忽后，忽多忽少。要保持蛋鸡的总光照时间为 15~16 小时。

③ 提供充足的营养。高峰期的产蛋鸡，当产蛋率在 85% 以上

时，每日蛋白质进食量应为 18 克，代谢能为 1.26 兆焦，因此饲料中每千克饲料中含代谢能 11.56~11.95 兆焦、粗蛋白质 17%~18%、钙 3.6%~3.8%、磷 0.6%。为了保证产蛋鸡所需的能量，饲料中的麸皮应低于 5%，在 2—3 月可添加 2% 的油脂。

④ 添加预防药物。由于新母鸡产蛋高峰来得快、持续时间长，应在不同阶段添加预防药物，防止发生输卵管炎、腹泻、呼吸道等疾病。了解发生啄癖的原因，采取相应的防治措施。

23. 夏季产蛋鸡的饲养管理要点有哪些？

（1）调整日粮结构，提高营养浓度

① 能量应该增加而不该减少。提高饲料中能量物质的含量可以改善热应激，目前较为理想的方法是用脂肪来代替碳水化合物（玉米），脂肪可改变饲料的适口性，延长饲料在消化道内的停留时间，从而提高蛋鸡的采食量和消化吸收。热应激时脂肪在饲料中的添加量以 2%~3% 为宜，相应的玉米用量减少 4%~6%，但是脂肪易氧化变质，所以日粮中添加脂肪的同时应添加抗氧化剂，如乙氧喹类。

② 蛋白质原料总量应该减少而非增加。在热应激时传统方式往往是通过提高饲料中粗蛋白原料的含量，弥补产蛋鸡蛋白质摄入的不足，但是蛋白质代谢产生热量远高于碳水化合物和脂肪，增加了机体内的代谢产热积累，所以在调整饲料配方时不应该提高蛋白质原料的含量，而要适当地减少。因此，建议减少日粮中杂粮等蛋白质利用率较低原料的用量，适当减少鱼粉等动物蛋白饲料的用量，增加豆粕等蛋白含量高、利用率高的原料，但不应增加总体蛋白质原料用量。

但是，为提高蛋白质的利用率，保证其营养需要，要根据日粮氨基酸的情况添加必需氨基酸。蛋氨酸、赖氨酸可以缓解热应激，一般在原有日粮基础上增添 10%~15%，使它们的添加量达到每只鸡每天蛋氨酸 360 毫克、赖氨酸 720 毫克，并注意保持氨基酸的平衡。

③ 矿物质的调整。热应激影响蛋壳质量（蛋壳变薄、变脆），所以应根据采食量下降的幅度来调整夏季日粮配方中钙磷的比例。如果其他季节的钙、有效磷水平分别为 3.5%、0.36%，则钙、有效磷水平应调整为 3.8%、0.39% 以上，原则上钙的调整水平不超过 4%，

有效磷不超过 0.42%，因为过高水平的钙会造成肠道环境中高渗透压环境，导致腹泻。还应注意钙源的粒度，最好 2/3 为粒状（小指甲盖分 4 半），磷源最好也采用颗粒磷源。

在热应激条件下，矿物质在粪尿中的排泄量会增加。热应激会影响锰、硫、硒、钴等离子的吸收，对它们的需要量增加，所以应按照日粮摄入量的减少幅度相应地提高在饲料中的含量。

④ 维生素的调整。热应激对维生素 E、维生素 C 和 B 族维生素的吸收影响较大，夏季添加量应调整为正常量的 2~3 倍。维生素 C 因与蛋壳形成有重要关系，应至少添加 200 克 / 吨，少了没有效果。

⑤ 调节电解质平衡。一般氯化钾的添加 0.15%~0.30%。同时在饲料中添加 0.3%~0.5% 的小苏打，能减少次品蛋 1%~2%，提高产蛋率 2%~3%，使蛋壳厚度增加，提高日粮中蛋白质的利用率，但是要适当降低盐的用量。

⑥ 加喂抗应激药物。在饲料中添加 0.004% 杆菌肽锌，或用 0.1% 丁酸二酯等化合物，或用 0.3% 的柠檬酸均可以缓解热应激，提高产蛋率和饲料报酬，使鸡增加采食量和提高产蛋率；在饲料或饮水中添加 0.1% 延胡索酸等，能有效缓解热应激反应，使蛋鸡采食量增加，产蛋率提高。

（2）向料槽中喷水，增加鸡群采食量　往料槽中喷水对饲料起到潮拌作用，特别是在炎热的夏季，喷水能够降低饲料温度，增强饲料适口性。建议在产蛋高峰到来之前和产蛋高峰期制订有规律的喷水计划。

① 制订相应的计划。在炎热的夏季应该制订一个详细的喷水计划，并应用营养药物和抗菌类药物相结合的方式添加。如：每 10 天喷水 1 次（添加营养类药物），每次 2~3 天；每 20 天添加 1 次抗菌类药物，每次 3~4 天。在喷水计划中要将对饲料和料槽的微生物监测计划列入其中，以便能够及时地掌握饲料和料槽中的微生物含量，控制饲料的卫生。

喷水的时间应在每天的 11:00—11:30，此时正是温度逐渐升高的时间，喷水可以缓解高温带来的应激，在正常喂料的情况下，让鸡得到很好的采食，满足生长和生产的需要。

② 喷水前的准备工作。喷水前首先与驻场兽医沟通，水里要添加一些营养药物及抗生素预防肠炎的发生，例如：多维素 0.1%、维生素 C 0.03%，并提高鸡群的适口性。在兽医的指导下进行，要选择水溶性好的药物。

喷水之前计算用水量，按照每 10 米长的料槽用 0.5 千克水计算；根据用水量，确定用药量。药物要分开称量，并保证称量的准确性。

③ 正确喷水。首先要调节好泵的压力。用手去感觉喷出水的压力，尽可能将泵的压力调到最小，使喷枪喷出的水呈雾状，喷出水的面积要小于或等于料槽底部的面积，以免造成药液浪费。喷水开始，将喷枪枪头向后，与料槽距离为 10 厘米，枪体与料槽呈 45°角，人体斜对料槽。喷水过程中，喷洒要均匀，走路速度要快而稳，并时刻观察喷在料上的水量，只需在料的表层喷洒一层即可，不能喷洒太多，水多会使湿料糊鸡嘴；同时，水量过大、时间过长会造成饲料发霉变质，给鸡群带来不良的影响。

喷水之前，要根据料槽中的剩料确定有无必要再次喂料，若料槽中的剩余料多时，在喷水之前匀料一次，保证每个笼前的料是均匀的；若料槽中的料不足时，喷水之前喂料一次，保证每只鸡都能得到充足的采食，起到真正增加采食的作用。喷洒的过程中禁止将水喷洒在地上、笼上或墙上，因为添加维生素等营养物质的水会加快细菌、微生物滋生，因此要时刻调整喷枪的压力和位置，确保正确操作，不造成浪费。喷洒完毕后，时刻观察鸡群的采食情况，在下一次喂料前检查所剩料的情况，有无湿料；若有，则及时清除，以免出现堆料现象，造成浪费。喷水后增加匀料的次数，以免在喷水后使料槽底部的饲料发霉；将粘在料槽边缘部分的料渣儿和鸡毛等杂物用干毛巾擦走，以免给细菌创造滋生的环境。

喷水要不定期进行，以免鸡群产生依赖，导致在正常喂料时不能起到刺激采食的作用，反而起到负面的影响。

（3）改善饲喂方法 改变饲喂时间，利用早晨、傍晚气温较低时多添料，此时温度比较适合蛋鸡，采食量容易提高，也比较容易形成采食习惯；改变适口性差的原料饲喂时间，将贝壳粉或石粉在傍晚时加喂，这样可以提高其他营养物质的摄入，而且傍晚是蛋鸡对钙需求最高的时候；改变饲料形态，可以把粉料变为颗粒饲料，加强饲喂以刺激采食；用湿拌料促进采食；夜间开灯 1 小时增加饮水等；提高饲料适口性，在饲料中添加香味剂、甜味剂、酸化剂、油脂等物质，提高蛋鸡采食欲望，以达到提高采食量的目的。

（4）保证充足饮水　夏季一定要保证全天自由饮水，而且保证新鲜凉爽，常见到一些养鸡户，由于农忙而造成水槽内缺水，或因鸡群粪便太稀而控制饮水，发生中暑造成经济损失。

如果在炎热的夏季缺水时间过长，影响鸡的生长及生产潜能的发挥。为了保证每只鸡饮到足够的新鲜凉水，应放置足够的饮水器具，而且要高度合适，布局均匀，水温以 10℃ 左右为宜，同时要注意保证饮水器具的清洁卫生，最好每天刷洗消毒一次，防止高温出现水污染现象，还应保持舍内地面的清洁，防止洒水、漏水造成舍内湿度过大。

（5）加强环境管理，利用风冷效应和水帘直接降温，改善鸡舍内环境　对鸡舍外环境的管理，可在距离鸡舍周围 2~3 米处，应种植生长快速的林木，在树生长过程中必须修剪，让树冠高出房檐约 1 米，以避免阳光直射舍内；还可以种植藤属攀缘植物如爬山虎、牵牛花等，以达到遮阴，吸收阳光，增加产氧量，改善小气候的目的；鸡舍顶部和墙壁应采用不吸热的白色材料或涂料，以反射部分阳光，减少热量吸收，用白色屋顶可降低舍内温度 2~3℃。

利用风速产生的风冷效应和水帘的直接降温，来降低舍内温度，改善鸡舍内环境，避免热应激的发生。

关闭鸡舍内所有进风小窗，根据温度控制风机运行个数，完全启动纵向通风系统，靠风速来降低鸡群体感温度。当温度 32℃ 以上时，启动水帘系统，同时关闭其他进风口，保证过帘风速达到 1.8~2.0 米/秒（注意：风速不能过高，否则会引起腹泻等条件性疾病），当舍内温度降至 26℃ 以下时适当关闭部分湿帘，温度升高到 32℃ 以上时再开，如此循环。

高温高湿对鸡群的影响大，在湿帘打开时，如果湿度大于 70% 且舍温达到 35℃ 以上时，应关闭湿帘，开启全部风机，开启鸡舍前半部进风口（进风口面积是出风口面积的 2 倍），用舍内消毒泵对着鸡冠用冷水喷雾降温，每小时 1 次，每只鸡喷水 80~100 毫升。

24. 秋季产蛋鸡的饲养管理要点有哪些?

秋季天气逐渐变凉，每天的温度和昼夜温差变化大。所以，为保证给鸡群舒适的生存环境，使鸡群的生产性能得到较好的发挥，在管理上应以稳定环境为重点。

（1）合理通风，稳定环境　蛋鸡比较适宜的温度 13~25℃，相对湿度 50%~70%，过高和过低都会降低鸡的产蛋率。早秋季节，天气依然闷热，再加上雨水较多，鸡舍内潮湿，易发生呼吸道和肠道传染病，为此必须加强通风换气。白天打开门窗，加大通风量，晚上适当通风，以降低温度和湿度，利于鸡体散热和降低鸡舍内有害气体。

随着季节的转换，中秋以后，昼夜温差大，此时，鸡舍应由夏季的纵向负压通风逐渐过渡到横向负压通风，若过渡得不合理，就会诱发鸡群发生呼吸道疾病、传染性疾病，进而对鸡只产蛋带来影响。

秋季通风管理的总体目标。鸡舍的房屋结构，风机设计模式，进风口的位置决定了通风所采取的方式，不论是横向通风还是纵向通风，通风管理最终要达到的目标是实现鸡舍要求的目标温度值，使舍内风速均匀，空气清新。通风管理即在考虑鸡舍饲养量、鸡群日龄的基础上，决定开启风机和进风口的数量与角度。

鸡舍内温度的相对稳定及舍内空气的清新，有利于最大限度地发挥鸡群的生产潜能。在设计鸡舍的通风系统时，应根据当地的气候特点，考虑鸡舍的（夏季）最大通风量。如蛋鸡夏季最大的排风量为 14 米^3/（小时·只）。根据经验公式：n=［体重（千克）× 饲养只数 × 7 × 1.15］/ 风机排风量（式中 7 为每只鸡呼吸量，1.15 为损耗系数），计算出不同日龄鸡舍应安装的风机个数。

例如，一个长 90 米、宽 12 米，饲养 16 000 只的蛋鸡舍，采用纵向通风＋通风小窗模式时，后山墙安装 6 台 50 英寸、1.1 千瓦轴流式风机，侧面山墙进风口每隔 3 米安装一个通风小窗（0.145 米^2），前山墙湿帘面积 40 米^2，就可以满足夏季和其他季节的通风需要。夏季采取纵向负压通风和湿帘降温系统，秋季采用由纵向负压向横向负压过渡的通风方式，以减少昼夜温差。

（2）秋季通风管理关键点

① 设定鸡舍的目标温度值。鸡只生产和产蛋最适宜温度是18~25℃。但是，在生产实际中，受外界气候的影响，鸡舍内不可能维持理想的温度值，要根据季节的变化调整。秋季通风的管理，实际上是根据外界温度的变化，确定夜间的最低温度值，以减少昼夜温差。随着外界温度的降低，为了使鸡舍夜间温度与昼夜之间的温差相对恒定，向冬季过渡，最低值的确定应遵循逐渐下降的原则。若外界最低气温为18℃，舍内设定目标值为20℃；若外界最低气温是16℃，舍内设目标值为18℃。

如秋季白天外界最高气温达到32℃，相对湿度30%，夜间最低气温18℃，相对湿度60%。在一天之内，舍内最高温度32℃，白天需全部开启风机和进风口，使用纵向通风，舍内风速可达2.5米/秒，以达到降温的效果。而夜间通过减少风机的个数，使舍内最低温度控制在20℃以上，风速低于1.2米/秒，以满足鸡群正常生产的需要。虽然舍内温差达到了12℃。但是温度控制是在鸡体可以调节的正常范围内，所以鸡群表现出了良好的生产成绩。

② 为保证舍内温度恒定和风速均匀，调整风机台数和进风口数量。设定目标温度值后，需靠调整风机台数和进风口数量，以保证舍内温度恒定和风速均匀。在秋季一天之中，鸡舍内的目标温度值不同。午后热，早晚凉，白天舍内最高温度在32℃（高于32℃应采取湿帘降温），夜间最低温度设定在18℃。因此，白天通风的目的是降温，夜间是换气。白天全部开启风机和进风口，夜间靠少开风机和适量减少进风口，保证达到目标设定值。由于风机和进风口是逐渐调整的。温度的变化是逐渐降低或升高的，因此每只鸡可以适应温度的变化，减少了鸡群的应激，保持了生产的稳定。

那么，如何使开启的风机与进风口匹配，达到设定的目标温度值呢？最好的方法是安装温度控制器，根据设定的目标温度调整风机、通风小窗的开启。自动调节温度控制器有两种：一种计算机控制——AC2000控制器；另一种人工控制——温度控制器。将风机与温度控制器相连，根据控制器的要求，设定一天中鸡舍所需的目标温度值，来控制风机的开启个数，保持鸡舍设定的目标温度。开启进风口的数量与角度决定了鸡舍的风速，使用 AC2000 控制器，可以实现鸡舍温度与风速控制的自动化。安装温度控制器解决了秋季昼夜温差大的难题，使鸡舍温度保持相对稳定。

③ 秋季通风管理的注意事项。由于国内养殖户的饲养设备、饲养管理水平参差不齐，对于鸡舍秋季通风管理的认识存在差异。无论采取什么样的通风方式，原理相同。因此提醒广大养殖场（户），管理好鸡舍的通风，必须了解鸡舍通风系统的通风方式，是横向负压通风还是纵向负压通风。然后，再了解每台风机的排风量，鸡舍的静压，进风口的大小、风速，风的走向等。根据外界温度的变化，设定一天中不同时间段的舍内目标温度值，根据目标温度值确定风机及进风口的数量和开启角度、大小。设定目标温度值要遵循逐渐下降的原则，逐渐向冬季过渡。保持舍内温度、风速的均匀，不留死角，防止通风不足和通风过度。有条件的鸡舍最好是使用自动温度控制系统，以实现随时调整风机的目的。

每天要认真观察鸡群，如果有冷风直接吹入，可以看到局部的鸡群拉稀症状，及时调整后，这种条件性疾病就会改善。

（3）调控温度，减少应激

① 关注温度，适时调整。产蛋鸡舍内温度以保持在 18~23℃为宜，秋季白天外界最高温度可达到 30℃，夜间最低温度可达到 16~18℃，所以要控制好舍内的温差。

减少温差，最好安装温控仪，以保证鸡舍温度的稳定。随着天气逐渐变凉，及时调整设置的温度，在保证最低通风量的基础上，确定夜晚最低温度，然后逐步提高每个风机开启的温度设定，使夜里温度不致太低；白天气温高时能自动增加风机开启数量，减少昼夜温差。

② 注意温度变化。秋季湿度小，感觉舒适凉爽，是养鸡的好时候，要注意冷空气由北方南下造成气温急剧下降。所以必须关注天气预报，注意夜间的保暖工作，避免鸡群因温差应激和着凉而引发呼吸道疾病。

③ 加强饲料营养，确保饲料新鲜。鸡群经过长期的产蛋和炎热的夏天，鸡体已经很疲劳，入秋后应多喂些动物性蛋白质饲料，以尽快恢复体能。给予易消化的优质饲料和维生素，特别是 B 族维生素

含量要充足。此时鸡群的食欲有所增加，必须保证饲喂充足，添加饲料时要少喂勤添，每次添料不超过食槽的1/3，尽量让鸡把料槽内饲料采食完。入秋后空气湿度还比较大，要注意保存好饲料，防止发霉和变质。

④ 加强光照管理。秋季自然光照逐渐缩短，养殖户应该及时调整开灯时间，注意保持光照时间和光照强度的恒定，以免影响产蛋。产蛋前期光照时间9小时，鸡群产蛋率5%以上时逐渐递加，每周增加0.5小时，直到产蛋中期保持光照的平稳，光照时间14~15小时，产蛋后期40周龄左右可以适当增加光照，每周最多增加不超过0.5小时，光照总长不超过16.5小时。

⑤ 定期消毒，特别重视呼吸道疾病的控制。定期消毒是一项不可忽视的重要工作，它可以降低舍内微生物的含量，杀灭一定数量的细菌、病毒。秋季也是各种疫病的高发期，坚持鸡舍带鸡消毒制度，一般在气温较高的中、下午消毒，消毒时要面面俱到，不留死角，尤其是进风口处。消毒药交替使用，防止产生耐药性。

秋季气候多变，天气逐渐转凉，鸡群保健要点就是要及时做好疫病预防，尤其是呼吸道病的预防。呼吸道发生病变后轻者造成生长受阻、生产性能下降、降低经济效益；重者引发多种疾病、死淘率增加，给养殖场造成严重的损失。

秋冬季节易发的呼吸道病主要有病毒引发的禽流感、新城疫、传染性支气管炎、传染性喉气管炎和细菌引发的支原体、传染性鼻炎，要加强免疫控制。

25. 冬季产蛋鸡的饲养管理要点有哪些？

冬季气温低，管理的重点是注意防寒防湿、协调保温与通风的矛盾、加强光照管理等。

（1）防寒防湿 冬季蛋鸡饲养管理重点在于鸡舍的防寒。产蛋鸡舍内温度以保持在18~23℃为宜，当鸡舍温度低于7℃时，产蛋量开始下降。确保舍温维持在8℃以上，是鸡舍温度控制的底线。对于背部和颈部羽毛损失较多的老鸡，在低温下容易因散热过多而影响生产成绩，并有可能因此增加15%~20%的采食量，这种情况下有羽毛缺失的老鸡舍应尽可能维持较高的温度。

成年鸡体型较大体温较高，加上蛋鸡舍饲养密度大，一般可以维持在适宜温度范围内。但如果不能维持或在寒流来袭的情况下，采用一些保暖措施很有必要，可以减少因为寒冷引起的生产波动。如用保温材料封闭鸡舍四周所有门窗，或在门窗外侧加挂棉门帘等；在舍内设置取暖设备，如煤炉、火墙、火道、热风炉等；适当加大饲养密度，尽量不留空笼等。

冬季鸡舍湿度过大会增加散热，不能达到鸡舍保温的效果，要设法保持圈舍清洁、干燥。圈舍要勤打扫，同时要控制少用水，避免舍内湿度过大不利保温。在条件允许的情况下，适当减少带鸡消毒的频率和时间。可用生石灰铺撒地面消毒，同时生石灰还可吸收潮气，降低圈舍湿度，但要注意控制尘埃飞扬。

（2）通风换气

①以保温为基础，适时通风换气。冬季鸡舍要经常通风换气，以保证鸡舍的内空气的新鲜。密闭式鸡舍可以根据舍内空气的混浊、舍内温度变化定时开关风机。在舍内温度适宜的情况下，在保温的基础上，应以满足鸡只的最小呼吸量来确定风机的开启个数。在冬季鸡舍保温的过程中，应考虑到鸡舍空气质量及通风换气。种鸡舍要求氨气不超过20毫克/千克，二氧化碳小于0.15%，硫化氢小于6.6毫克/千克。

②谨防贼风吹袭。冬季蛋鸡管理中还要注意直接吹到鸡身上的"贼风"，避免鸡只受到寒冷的刺激，因为寒冷是呼吸道疾病的关键诱因。

舍内的贼风一般来自门、湿帘、风机、粪沟等缝隙，局部风速可达到5~6米/秒，必须堵严以防贼风直吹鸡体，避免这些缝隙成为病毒的侵入口。

鸡舍前后门悬挂棉门帘；天气转冷后，在鸡舍外侧将湿帘用彩条布和塑料布缝合遮挡，以免冷空气来临对鸡群造成冷应激；对于中等规模化的鸡舍，冬季最多能用到2个风机，所以对冬季开启不了的风机，用专用的风机罩罩住外部，以堵塞漏洞；粪沟是管理者最容易忽视的地方，尤其是鸡舍的横向粪沟出粪口，若不及时堵严，易形成

"倒灌风"影响通风效果，建议在出粪口安装插板，并及时堵严插板缝隙。

③ 正确协调保温与通风的矛盾。冬季容易出现的管理失误是，只注意鸡舍的保温而忽视通风换气，这是冬季发生呼吸道疾病的又一主要原因。由于通风换气不足，很有可能造成舍内氨气浓度过大，空气中的尘埃过多。氨气浓度过大，会使呼吸道黏膜充血、水肿，失去正常的防卫机能，成为微生物理想的繁衍地，而吸入气管内的尘埃又含有大量的微生物，容易发生呼吸道疾病；寒流的袭击、鸡的感冒会使这种情况变得更为严重。所以冬季的管理中，一定要保持鸡舍内有比较稳定的适宜的温度，同时注意通风换气。

鸡舍的结构和通风方式，将直接决定鸡舍的通风效果。对此，饲养员应根据鸡舍的结构和外界的天气变化，灵活调整进风口大小。在中午天气较好时，应增加通风小窗开启角度，使舍内空气清新，氧气充足。通风小窗打开的角度，以不直接吹到鸡体上为宜。安装风机的规模化鸡场，为使舍内污浊有害空气能迅速换成新鲜空气，应该每隔1~2小时开几分钟风机，或大敞门窗2~3分钟，待舍内换上清洁新鲜的空气后再关上门窗。

（3）加强光照管理

① 补充光照。对于开放式鸡舍，冬季自然光照时间较短，导致光照不足，出现产蛋率下降，所以针对这样的鸡舍冬季要人工补充光照。补充光照的方法有早晨补、晚上补、早晚各补三种，保证光照时间每天不少于16小时。比较理想的补光方法是早晨补充光照，这样更符合鸡的生理特点，且每天产蛋时间可以提前。人工补充光照时还要注意一定要做到准时开关灯，不能忽早忽晚或间断，最好使用定时器。不管怎样调整光照，在每次开、关等时都要逐步由暗到亮，由亮到暗，给鸡一个适应过程，防止鸡群产生应激。

② 保持适宜的光照强度。适宜的光照强度利于鸡群的正常生产，产蛋期光照强度以10勒克斯为宜，应该注意的是，光照强度应在鸡头部的高度测定，也就是鸡的眼睛能感受到的光的强度。光照强度也可估算：即每平方米3~5瓦的白炽灯泡（有灯罩），灯泡要经常擦拭，保持灯泡清洁，确保光照强度均匀。

（4）建立严格的卫生消毒制度，并落实　鸡舍内环境消毒（带鸡消毒）是一项不可忽视的重要工作，可以降低舍内病原微生物。坚持鸡舍带鸡消毒制度，一般在气温较高的中午、下午消毒，消毒时要面面俱到，以形成雾状均匀落在笼具、鸡体表面。在带消毒时不留死角，尤其是进风口处和鸡舍后部应作为消毒重点。

（5）合理调整鸡群，确保鸡群整齐度　冬季舍内气温低，合理进行鸡只分群管理是确保鸡群整齐度的关键，在日常视察鸡群过程中，将体格弱小的鸡调整到鸡舍前侧单独饲养；调整每个笼内的鸡只确保为4只，并且鸡群健康程度相同。调群工作的有效实施，能保证鸡群的适宜密度，较高的整齐度。

26. 产蛋鸡产蛋量突然下降应如何处置？

一般鸡群产蛋都有一定的规律，即开产后几周即可达到产蛋高峰，持续一段时间后，开始缓慢下降，这种趋势一直持续到产蛋结束。若产蛋鸡改变这一趋势，产蛋率出现突然下降，此时就要及时进行全面检查生产情况，找出原因，并采取相应的措施。

（1）产蛋量突然下降的原因

①气候影响。

季节的变换：尤其是在我国北方地区四季分明，季节变化时，其温差变化较大。若鸡舍保温效果不理想，将会对产蛋鸡群产生较大的应激影响，导致鸡群的产蛋量突然下降。

灾害性天气影响：如鸡群突然遭受到突发的灾害性天气的袭击，如热浪、寒流、暴风雨雪等。

②饲养管理的原因。

停水或断料：如连续几天鸡群喂料不足、断水。

营养不足或骤变：饲料中蛋白质、维生素、矿物质等成分含量不足，配合比例不当等。

应激影响：鸡舍内发生异常的声音，鼠、猫、鸟等小动物窜入鸡舍，以及管理人员捉鸡、清扫粪便等都可引起鸡群突然受惊，造成鸡群应激反应。

光照失控：鸡舍发生突然停电，光照时间缩短，光照强度减弱，光照时间忽长忽短，照明开关忽开忽停等，这些都不利于鸡群的正常产蛋。

舍内通风不畅：采用机械通风的鸡舍，在炎热夏天出现长时间的停电；冬天为了保持鸡舍温度而长时间不通风，鸡舍内的空气污浊等都会影响鸡群的正常产蛋。

③ 疾病。鸡群感染急性传染病，如鸡新城疫、传染性支气管炎、传染性喉气管炎及产蛋下降综合征等都会影响鸡群正常产蛋。此外，在蛋鸡产蛋期间接种疫苗，投入过多的药物，会产生毒副作用，也可引起鸡群产蛋量下降。

（2）预防措施

① 减少应激。在季节变换、天气异常时，应及时调节鸡舍的温度和改善通风条件。在饲料中添加一定量的维生素等，可减缓鸡群的应激。

② 科学光照。产蛋期间应严格遵循科学的光照制度，避免不规律的光照，产蛋期间，光照时间每天为 14~16 小时。

③ 经常检修饮水系统。应做到经常检查饮水系统，发现漏水或堵塞现象应及时维修。

④ 合理供料。应选择安全可靠、品质稳定的配合饲料，日粮中要求有足量的蛋白质、蛋氨酸和适当维生素及磷、钠等矿物质；避免突然更换饲料，如必须更换，应当采取逐渐过渡换料法，即先更换 1/3，再换 1/2，然后换 2/3，直到全部换完。全部过程以 5~7 天为宜。

⑤ 做好预防、消毒、卫生工作。接种疫苗应在鸡的育雏及育成期进行，产蛋期也不要投喂对产蛋有影响的药物。及时打扫和清理工作，以保证鸡舍卫生状况良好。每周 1~2 次常规消毒，如有疫情要每天消毒 1~2 次。选择适当的消毒剂对鸡舍顶棚、墙壁、地面及用具等喷雾消毒。

⑥ 科学喂料。固定喂料次数，按时喂料，不要突然减少喂量或限饲，同时应根据季节变化来调整喂料量。

⑦ 搞好鸡舍内温度、湿度及通风换气等管理。通常鸡舍内的适宜温度为 5~25℃，相对湿度 55%~65%。同时应保持鸡舍内空气新

鲜，在无检测仪器的条件下以人进鸡舍感觉不刺眼、不流泪、无过臭气味为宜。

⑧ 注意日常观察。注意观察鸡群的采食、粪便、羽毛、鸡冠、呼吸等状况，发现问题，应做到及时治疗。

27. 产蛋鸡推迟开产和产蛋高峰不达标的原因有哪些？如何处置？

（1）原因探析

① 鸡群发育不良、均匀度太差。主要表现如下。

胫骨长度不够：胫骨长度是产蛋鸡是否达到生产要求的最重要指标之一，有些养鸡场（户）在饲养过程中不知这一指标，因过分强调成本而不按要求饲喂合格的全价饲料，造成饲料营养不达标；忽视育雏期管理，造成雏鸡 8 周龄前胫长（褐壳蛋鸡要求 8 周龄胫长 82 毫米）不达标；有些饲养户育雏、育成期鸡舍面积狭小致使密度过大，造成胫骨长度不能达标。蛋鸡 8 周龄的胫骨长度十分重要，有 8 周定终身之说；因上述因素造成到 20 周龄开产时，鸡群中相当数量的鸡胫骨长度不到 100 毫米（褐壳蛋鸡 20 周龄正常胫长应达到 105 毫米），甚至不足 90 毫米。

体重不达标，均匀度太差：均匀度差的鸡群，其产蛋高峰往往后延 2~3 周至开产后 9~10 周才出现。实践证明，鸡群均匀度每增减 3%，每只鸡年平均产蛋数相应增减 4 枚，90% 和 70% 均匀度的鸡群相比，产蛋相差 20 多枚，且均匀度差的鸡群死亡率和残次率高，产蛋高峰不理想，维持时间短，总体效益差。

性成熟不良：因性成熟不一致，而导致群体中产生不同的个体生产模式，群体中个体鸡只产蛋高峰不同，所以产蛋高峰不突出，而且维持时间短，其产蛋率曲线也较平缓。

有上述情况的鸡群，鸡冠苍白，体重轻，羽毛缺乏光泽，营养不良；有些为"小胖墩"体型。鸡群产蛋推迟，产蛋初期软壳蛋、白壳蛋、畸形蛋增多；产蛋上升缓慢，脱肛鸡多；容易出现拉稀。剖检可见内脏器官狭小，弹性低，卵泡发育迟缓，无高产鸡特有的内在体质。

② 肾型传染性支气管炎后遗症。在 3 周内患过肾型传染性支气管炎的雏鸡，会造成成年后"大肚鸡"，显著增加。由于其卵泡发育不受影响，开产后成熟卵泡不能正常产出，掉入腹腔，引起严重的卵黄腹膜炎和出现反射性的雄性激素分泌增加，使鸡群出现鸡冠红润、厚实等征候，导致大量"假母鸡"寡产或低产，经济损失严重。雏鸡使用过肾传支疫苗的鸡群或 3 周以上发病的雏鸡的肾传支后遗症明显好于未使用疫苗和 3 周内发病的雏鸡，即肾传支后遗症与是否免疫疫苗和雏鸡发病日龄直接相关。实践证明，如在 1~3 周龄发生肾传支，造成输卵管破坏，形成"假母鸡"比例较高，可使母鸡成年后产蛋率降低 10%~20%；若于 4~10 周龄发生肾传支，形成的"假母鸡"将会减少，可使鸡群成年后产蛋降低 7%~8%；若于 12~15 周龄发生肾传支，鸡群成年后产蛋率降低 5% 左右；产蛋鸡群发传染性支气管炎后，也会造成产蛋下降，但一般不超过 10%，而且病愈后可以恢复到接近原产蛋水平，并且很少形成"假母鸡"。剖检，输卵管狭小、断裂、水肿。有的输卵管膨大，积水达 1 200 克以上，成为"大肚鸡"。最终因卵黄性腹膜炎而死。

③ 传染性鼻炎、肿瘤病的影响。开产前患有慢性传染性鼻炎的鸡群，开产时间明显推迟，产蛋高峰上升缓慢。患有肿瘤病（马立克病、鸡白血病、网状内皮组织增生症）的鸡群，会出现冠苍白、皱缩，消瘦，长期拉稀，体内脏器肿瘤等症状，致使鸡群体质降低，无法按期开产或产蛋达不到高峰。

④ 使用劣质饲料和长期滥用药物。有些养鸡场（户）认为，后备鸡是"吊架子"，只要喂饱即可，往往不重视饲料质量、饲养密度等，造成后备鸡群发育不良。有些养鸡场（户）长期过度用药或滥用药物，甚至使用抑制卵巢发育或严重影响蛋鸡生产的药物，如氨基比林、安乃近、地塞米松、强的松等，造成鸡群不产蛋或无产蛋高峰。

⑤ 雏鸡质量问题。因种鸡阶段性疾病问题或其他原因导致商品雏鸡先天不足，鸡群发育不良，成年后产蛋性能不佳。

⑥ 其他因素。蛋鸡每笼装 3 只鸡而有人装 4 只，断喙不合理或不整齐，光照不合理，乳头供水压力太低造成鸡群饮水不足，通风效果太差等管理因素，均可造成蛋鸡推迟开产或产蛋高峰达不到要求。

（2）处置措施

① 科学管理，全价营养。为使鸡群达到或接近标准体重，一般1~42日龄饲喂高营养饲料（有的饲养户于1~14日龄使用全价肉小鸡颗粒料，15~42日龄使用蛋小鸡颗粒料），并定期测量胫骨长度、称重，根据育雏育成鸡胫骨长度和体重决定最终换料时间，两项指标不达标可延长高营养饲料的饲喂时间。雏鸡因疫苗接种、断喙、转群、疾病等应激较多时，会影响鸡群正常发育，建议鸡群体重略高于推荐标准制定饲养方案。在日常饲养过程中，要结合疫苗接种、称重等及时调群，对发育滞后的鸡只加强饲养，保证好的体重和均匀度。雏鸡8周龄时的各项身体指标，基本决定成年后的生产水平，是整个饲养过程的重中之重，因此，有8周定终身之说。

② 提倡高温育雏，减少昼夜温差，杜绝肾型传染性支气管炎。肾型传染性支气管炎流行地区，要杜绝，重在鸡舍温度和温差的科学控制。如1日龄鸡舍温度35℃以上，然后随日龄增大逐渐降低温度，并确保昼夜温差不超3℃，基本可以杜绝本病的暴发。尽管肾型传染性支气管炎变异株多，疫苗难以匹配，但尽量选择保护率高的疫苗，进行1日龄首免、10日龄强化免疫等科学合理的免疫程序，会极大地降低发病率。

③ 加强对传染性鼻炎、肿瘤病的防控。做好传染性鼻炎的疫苗免疫，若有慢性传染性鼻炎，要及时治疗。

④ 优化进鸡渠道。杜绝因雏鸡质量先天缺陷导致的生产成绩损失。

⑤ 合理用药。杜绝过度用药和滥用药物，特别防止使用抑制卵巢发育、破坏生殖功能、干扰蛋鸡排卵等影响鸡生理发育和产蛋的药物或添加剂。

28. 产蛋鸡啄斗和啄癖有什么区别？

大群养鸡，特别是高密度饲养，往往会出现鸡相互啄羽、啄肛、啄趾、啄蛋等恶癖。开产前后，经常会发生啄肛。啄癖会导致鸡着羽不良，体热散失，采食量增加和饲料转化率降低。

蛋鸡的啄斗分两种类型：攻击性啄斗和啄癖。鸡对于每种类型的啄斗都有不同的信号，为了采取恰当的措施，需要识别这些信号。啄羽经常被描述为攻击性行为，但是攻击性啄斗是正常行为，仅在鸡笼养时啄羽才可能是正常行为（表5-3）。

表5-3　攻击性啄斗和啄羽的区别

攻击性啄斗	啄羽
目标是鸡头	目标不仅是鸡头，而是整个身体
目标是群体等级较低的鸡	目标是正在安静采食或者是正在洗沙浴的鸡
羽毛有时被拔出，但是从来不被吃掉	被拔出来的羽毛经常被吃掉
频繁发生是鸡福利降低的信号	这种行为说明鸡的健康出现了问题

（1）羽毛消失　鸡每天都有羽毛掉落到地面上。如果羽毛从地面上消失，说明羽毛被鸡吃掉。这是鸡群出现问题的信号。

（2）鸡群中其他鸡对死鸡或受伤鸡表现出特有的兴趣　这也是鸡出现啄癖的重要信号。因此，应当把死鸡和受伤鸡及时清理掉。

29.啄癖分哪几种类型？

（1）啄羽　这是最常见的互啄类型，指鸡啄食其他鸡的羽毛，特别易啄食背部尾尖的羽毛，有时拔出并吞食。主要是进攻性的鸡，啄怯弱的鸡，羽毛脱落并导致组织出血，诱发啄食组织使鸡受伤被淘汰或死亡。有时，互啄羽毛或啄脱落的羽毛，啄得皮肉暴露出血后，可发展为啄肉癖。

啄羽不利于鸡的福利和饲养成本，啄羽后形成的"裸鸡"需要多采食20%的饲料来保暖。有资料显示，每减少10%的羽毛，鸡每天需要多采食4克的饲料。好动或者户外散养的"裸鸡"需要更多的饲料。

在育成鸡群中的啄羽常被低估。在成年鸡身上，经常可以看到光秃的区域，但是，对于成年鸡，只能在鸡后背观察到一些覆羽，可以通过突出的绒羽与浓密的尾羽来识别。褐壳蛋鸡比白壳蛋鸡明显，因为白色的绒羽在褐色覆羽的下面。真正的光秃区域在育成阶段比较少见，如果 16 周龄时有 20% 的母鸡的绒羽可以看见，到 30 周龄时，鸡群中的大部分鸡会出现光秃区域。

（2）啄肛　常见于高产小母鸡群，往往始于鸡尾连接处，继续啄食直到出血。对于小母鸡，通常在小母鸡开始产蛋不几天后发生，大概与其体内的激素变化有关，产蛋后子宫脱垂或产大蛋使肛门撕裂，导致啄肛。

啄羽和啄肛相残是鸡福利降低的主要信号，啄羽导致采食量增加，啄肛相残导致损失。一旦啄羽和啄肛相残在鸡群中发生，很难被消除，因此预防是主要的手段。啄羽首先发生在鸡后背和尾基部，"裸鸡"更容易造成损伤和感染。相残是指啄食其他死鸡或活鸡的皮肤、组织或器官，泄殖腔区域和腹部器官是鸡倾向于啄食的主要部位。

（3）啄蛋　主要是饲养管理不当造成，钙磷不足等因素亦会导致啄蛋癖。

（4）啄趾　常见于家养小鸡，因饥饿导致。小鸡会因料槽太高而无法采食，胆小的鸡，因害怕进攻性强的鸡而无法接近食物，会导致啄趾。采食拥挤或小鸡找不着食物会啄自己的或相邻鸡的脚趾。

30．啄癖发生的原因是什么？

（1）无聊的生活环境　鸡的天性喜欢在地上觅食，如果地面上没有它们感兴趣的东西，如饲料、垫料，将寻找可供它们啄食的东西。

（2）啄羽发生的原因　育成阶段缺乏垫料；日粮中缺乏纤维素、矿物质或氨基酸；被红螨引起的慢性胃肠道刺激；鸡舍环境差，明亮的日光；烦躁和应激；太强的光照强度结合上述原因之一。

（3）啄肛相残发生的原因　母鸡产蛋时，部分泄殖腔同时翻出。有大量腹脂的母鸡产蛋时把泄殖腔翻出更多一些；产窝外蛋的鸡翻出泄殖腔，容易被其他鸡啄肛；产蛋箱中的光线太强，产蛋时泄殖腔翻出，成为啄肛的目标；饲料中缺乏营养（蛋白质、维生素或矿物质）；受伤鸡成为相残的目标；鸡群整齐度差，体重太轻的鸡是首先的受害者。

31. 怎样预防啄癖？

（1）适时断喙 雏鸡断喙可在 1~12 周龄，但最晚不超过 14 周龄。对蛋用型鸡来说，最佳断喙时间是 6~10 日龄。炎热的夏季，应尽量选择在凉爽的时间切喙。

及时修整：12 周龄左右，要对第一次断喙不成功或重新长出的喙，进行第二次切除或修整。

（2）移出被啄的鸡 把被啄的鸡移走，在鸡身上喷洒一些难闻的物质，如机油、煤油等，使其他的鸡不愿再啄它，这是最简单的办法。如果不快速有效的干涉，啄羽将发展成一个严重的问题。

（3）饲养密度 这是许多啄羽的主要诱因，建议土鸡、黄杂鸡、蛋鸡在 0~4 周龄，每平方米最多不能超过 50 只，5~8 周龄每平方米不能超过 30 只，9~18 周龄每平方米不能超过 15 只，18 周龄上产蛋鸡笼养，应按笼养规格饲养密度。

（4）通风性 氨气浓度过高首先会引起呼吸系统的病症，导致鸡体不适，诱发其他病症，包括互啄。当鸡舍中氨气浓度达 15 毫克/千克时，就有较轻的刺鼻气味；当鸡舍中氨气浓度达到 30 毫克/千克时，就有较浓的刺鼻刺眼气味；当鸡舍中氨气浓度达到 50 毫克/千克时，会发现鸡只咳嗽、流泪、结膜发炎等症状。鸡舍的氨气浓度以不超过 20 毫克/千克为宜。

（5）光照强度 光照强度过强也是互啄的重要诱因，昏暗的光线可降低啄羽和啄肛。鸡舍内光照变暗，可以使鸡变得不活跃。第 1 周鸡舍可以有 40~60 勒克斯的光照强度，产蛋期 20~25 勒克斯。其他时间不超过 20 勒克斯，简言之，如果灯泡离地面 2 米，灯距间隔 3 米，灯泡的功率不能超过 25 瓦/个。

尽管不知道确切的原因，但是红光可以控制啄肛。红光降低光照强度，同时降低鸡的活跃性。然而，红光和稳定的光照强度也可以使鸡变得更加具有攻击性。

（6）营养因素 在配方设计方面，为了迎合销售的需要和成本限制，人们习惯玉米—豆粕型日粮。据有关资料记载，如果一直使用豆粕作蛋白源，会导致鸡体内性激素（雌酮）的变化，引起啄斗，在配方中可以 2%~3% 的鱼粉加上 3%~6% 的棉粕予以防止互啄，但一定要注意将棉粕用 Φ1.5 毫米的粉碎筛粉细，以免棉壳卡堵小鸡食管；粗纤维含量太低，可能是引起互啄最常见营养因素，而且是最容易在配方上忽略的因素，许多配方中粗纤维含量不到 2.5%。据经验，3%~4% 的粗纤维有助于减少互啄，这与粗纤维能延长胃肠的排空时间有关。在一般的配方中，3%~6% 的棉粕加上 1%~3% 的统糠或8%~15% 的洗米糠可以基本达到要求，但一定别忘记添加 1%~3% 的油脂，否则，代谢能达不到需要；我们都知道，氨基酸特别是含硫氨基酸的不足是引起互啄的原因之一。那么，到底需要多少氨基酸呢？建议在设计配方时 0~4 周龄蛋氨酸含量大于 0.42%，含硫氨基酸大于 0.78%，4 周龄后蛋氨酸大于 0.38%，含硫氨基酸大于 0.7%，这是防止互啄的基本量；至于钙磷等矿物质及其他微量元素和盐的设计，一般不会缺乏，由于它们的缺乏而引起互啄情况少见；某些维生素的缺乏（如维生素 B_1、B_6 等）也会引起互啄，许多厂家在设计配方时往往添加有足够量的维生素，但为什么又会出现缺乏呢？这很大程度上是与维生素的贮存与使用方法不当有关。例如，在夏天，未用任何降温设施而贮存三个月以上，与氯化胆碱、微量元素、酸化剂、抗氧剂、防霉剂等物质混合后而不及时使用，使得维生素大量被破坏而引起互啄。

切勿喂霉变饲料。

（7）笼养饲喂 有条件的，将地面栏养移至笼养系统，可减少啄羽。笼养鸡的啄羽较少发展为互啄；在笼养系统中，阶梯型的比重叠型的互啄率高，可能是前者光照强度较高之故。

（8）改变粒型 颗粒料比粉状料更易引起互啄，所以，在蛋鸡料中，宜做成粉状饲料而非颗粒料，并提供足够量的高纤维原料。

（9）预防啄羽 首先，要确保顺利转群，不能让已经适应黑暗的鸡群突然进入光照充足的鸡舍。转群前后，开灯和关灯的时间、饲喂规律等要保持不变。

其次，雏鸡阶段，尽可能地让鸡在纸上或料盘里吃料。要提供干燥和疏松的垫料或可供挖刨的干草，以转移母鸡的注意力。定期撒谷粒或粗粮以吸引鸡的注意力，悬挂绳子、啄食块、玉米棒、草等，定期给它们一些新鲜的玩具。

另外，要严格防控螨虫。

32. 怎样应对蛋鸡啄癖？

（1）啄羽的应对

①检查饲料中的营养水平，提供额外的维生素和矿物质。

②调暗光线或使用红光灯。

③如果在垫料上饲养的鸡群的情况越来越差，尝试使用鸡眼罩（眼镜）。但从动物福利角度来说，不推荐使用。

（2）啄肛相残的应对 ①每天移除弱鸡、受惊吓的鸡、受伤鸡和死鸡。

②控制蛋重，因为产大蛋会引起泄殖腔出血。

③调暗光线或使用红光灯。

④提供啄食块和粗粮等。

⑤如果啄肛与饲料有关，告诉饲料供应商，如果有必要，要求他们运送新的饲料。

（3）给鸡佩戴眼罩 断喙会给鸡造成极大的痛苦。为了减轻鸡的痛苦，可以给鸡带眼罩，防止啄癖。

鸡眼罩又叫鸡眼镜，是用佩戴在鸡的头部遮挡鸡眼正常平视光线的特殊材料。使鸡不能正常平视，只能斜视和看下方，防止饲养在一起的鸡群相互打架，相互啄毛、啄肛、啄趾、啄蛋等，降低死亡率，提高养殖效益。

开始佩戴鸡眼罩时，先把鸡固定好，先用一个牙签或金属细针在鸡的鼻孔里用力扎一下并穿透，如有少量出血，可用酒精棉擦拭。左手抓住鸡眼镜突出部分向上，插件先插入鸡眼镜右孔后对准鸡鼻孔，右手用力穿过鸡鼻孔，最后插入镜片左眼，整个安装过程完毕。

33. 影响蛋壳质量的因素有哪些？

蛋壳质量指标包括比重、蛋壳变形值、蛋壳厚度、蛋壳抗裂强度、单位表面积的壳重等，其中厚度最主要，正常蛋壳厚度 0.3~0.4 毫米。厚度微小的变化对蛋壳破损程度有很大影响，例如壳厚

0.38~0.4毫米破损率可能低达2%~3%，而蛋壳厚度0.3~0.27毫米破损率可能高达10%。影响蛋壳质量的因素主要如下。

（1）非营养因素

① 品种和遗传。一般而言，在同样环境与饲养条件下，遗传性能强的鸡较遗传性能差的鸡更能利用大量的钙，使蛋壳加厚，而蛋壳厚度与蛋壳强度有显著的正相关关系。蛋壳强度受遗传因素的影响（遗传力系数0.2）。不同禽类之间蛋壳强度存在一定差异，如银雉蛋的蛋壳强度比鸡蛋的几乎大一倍。同类禽的不同品种来航鸡蛋比褐壳鸡蛋的蛋壳强度小。产蛋多的鸡其蛋壳强度比产蛋少的鸡小。究其原因是不同品种的鸡对钙利用率不同，增加饲料中的钙不能改变品种间的相对差异。

② 日龄。产蛋周龄是影响蛋壳质量的主要因素之一。因为随着产蛋周龄的增长，蛋重增加，蛋体加大，而沉积在蛋壳上的钙基本相对稳定，机体对钙质聚集量保持不变，因此蛋壳的厚度必然下降，蛋壳变薄、变脆。特别是接近产蛋结束时，蛋壳质量下降更加严重。另外，在产蛋后期机体对饲料中钙的吸收利用和存留能力降低，相应导致用于蛋壳形成的钙量也随之降低，但蛋壳重并未相应增加，造成蛋壳变薄。

③ 鸡群应激。主要来自环境温度、光照、接种疫苗等。

环境温度：环境温度超过30℃，鸡便会出现热应激，产生生理保护性反应，表现为呼吸加快、血液pH值升高、二氧化碳浓度降低，钙严重丧失以致形成蛋壳所需要的碳酸钙流失很多，造成蛋壳质量下降，而且由于蛋鸡的采食量减少，摄入体内的钙质也相应减少，以致血液中的钙含量降低；加之高温还可促使鸡释放骨髓内的磷酸钙，使鸡体表现缺钙，而使蛋壳质量下降。

光照：实践证明，光照增强鸡产破损蛋的比例增加，如果光照时间缩短则性腺激素分泌减少，影响产蛋；如果光照时间过长（超过17小时）则卵在子宫内时间缩短、钙质分泌不足，出现薄壳或软壳蛋。一般光照时间以16~17小时为宜，产蛋后期可再增加1~2小时。

接种疫苗：由于疫苗反应、惊吓、拥挤都会影响肠道对营养物质的吸收利用和子宫内钙化过程，妨碍蛋壳的正常形成，出现畸形蛋、薄壳蛋、软壳蛋或无壳蛋等。所以注射疫苗要注意方法，要少赶动鸡群、小网围群，减少对鸡的累积应激。

④ 疾病与药物。多种疾病对蛋壳质量有影响。但病源及其感染生殖系统的不同部位对产蛋及蛋的品质有着不同影响。如禽流感、新城疫病毒从呼吸道或消化道侵入后先行繁殖，然后侵入血液扩散到全身，病毒在血管中损伤管壁，导致卵泡充血、出血、变形、萎缩，卵泡发育停滞；同时，导致输卵管分泌功能失常，产薄壳蛋。感染传染性支气管炎病毒常无呼吸道症状，仅表现产蛋下降，产软壳、皱壳蛋，这是因为病毒常感染输卵管膨大部和峡部，导致蛋白分泌障碍、蛋壳内联或皱状，结果产出皱壳蛋。传染性支气管炎病毒使子宫部的壳腺细胞变形，固有层腺体增生，淋巴细胞浸润，因而导致蛋形成受阻，钙质沉积不匀、不全而出现沙壳蛋等。大肠杆菌、沙门氏菌等在肠道内大量繁殖，导致肠道菌群失调，使消化吸收功能下降、钙质不足而影响蛋壳质量。

在药物方面，磺胺类药由于使用不当或长期使用会影响肠道微生物对维生素 K 和维生素 B 族的合成，在体内与碳酸酐酶结合，使碳酸盐的形成和分泌减少，影响蛋壳质量；呋喃类药物容易使家禽中毒，而且容易造成药残，因此，产蛋鸡均应禁用这两类药物。四环素类药物口服对消化道黏膜有直接作用，影响采食，其中以金霉素为最明显，土霉素、强力霉素次之，四环素最轻。同时，它们能与钙离子结合，降低血钙，从而影响蛋壳质量。

⑤ 饲养管理不当。在饲养管理中，由于不注意对饮水的管理造成舍内湿度比较高，有利于微生物分解粪便产生大量的氨气。鸡体内吸入氨，使二氧化碳损失较多，致使碳酸根不足而影响蛋壳质量，同时集蛋次数、运输过程中震动程度、饲养密度大都影响蛋壳质量。

（2）营养因素

① 钙、磷。蛋壳的主要成分是钙，所以蛋壳质量是直接取决于钙、磷代谢状态，饲料中钙不足或钙、磷比例不当，必然导致蛋壳强度和厚度下降。因为产蛋鸡的钙主要由每天摄入的饲料补充。肠道对日粮中钙的吸收率为 50%~60%，产蛋期的鸡对钙需要量随着产蛋状况的不同而变化。一般情况下，当产蛋率大于 80% 时，日粮中的含钙量为 3.5%~4.0%，不应超过 4%，因钙的用量过高后不但影响鸡

对饲料的适口性，而且也影响蛋壳质量、产蛋率和孵化率。一般日粮中含磷0.6%。这样才能保证每只产蛋鸡每天摄入4~5克钙，以满足形成鸡蛋壳所需，钙源颗粒对蛋壳破碎力与蛋壳的细微结构也有不同影响，大颗粒的钙质饲料易于提高蛋壳强度。因较大颗粒的钙补充剂从肌胃排出的速度比粉状的慢，鸡体可充分吸收钙，利于蛋壳的形成，也提高了蛋壳强度。不过在考虑所添加钙源大小的同时，也应考虑钙源的溶解度对蛋壳质量的影响。另外要注意钙、磷比例，一般钙、磷比例为（4~6）:1。

② 维生素 D_3。维生素 D_3 能够促进肠道对钙、磷的吸收，提高血液中钙、磷水平（一般添加量在0.1%~0.15%）。维生素 D_3 可被肝、肾转变为具有活性的1,25-二羟胆钙化醇，最后生成钙三醇。它能够激活钙质吸收，保证骨骼和蛋壳的钙化。因此，血液中钙三醇供应不足时将会造成钙化缺陷，导致蛋壳质量下降。在产蛋鸡的饲养中随着鸡龄的增大，蛋壳强度却下降，这同1,25-二羟维生素 D_3 的合成能力降低有关。

③ 维生素 C。钙代谢保证提供足够的钙以满足蛋壳钙化。鸡的钙代谢主要受维生素 D_3 及其代谢物、甲状旁腺激素、降钙素调节，而在维生素 D_3 转化钙三醇的过程中维生素 C 起举足轻重的作用。如果维生素 C 的供应失衡最终会导致蛋壳质量的下降，通过补加维生素 C 不仅改善蛋壳质量，而且能减缓应激影响。

（3）酸碱平衡　酸碱平衡是影响蛋壳品质的重要因素，血液中氯离子浓度过高，不利于蛋壳腺中碳酸钙的沉积，排卵后血中酸度升高导致鸡出现酸血症。酸血症的出现不利于蛋壳的钙化，而影响酸碱平衡的主要因素是 Na^+、Cl^-，日粮中过量的钠、氯或者两者比例不适当，就会影响酸碱平衡，而使蛋壳质量下降。产蛋鸡日粮中钠、氯含量分别为0.1%、0.05%（以风干物质计），两者比例是（1~2）:1为宜。因此，为了使产蛋鸡饲料中氯的含量不高于钠的含量，最好以无氯的物质来供给产蛋鸡所需的钠，如碳酸钠、碳酸氢钠等。

（4）其他微量元素

① 锰。锰在很大程度上与蛋壳的抗裂强度有关，如果饲料中缺锰，对蛋壳的酸性黏多糖有影响，同时使蛋壳单位重量下降，裂缝蛋

比例上升，蛋破损率提高，所以锰的含量与蛋壳强度有直接关系。一般每千克饲料中锰的含量应保持在 70~100 毫克。

② 锌。蛋壳在钙化过程中需要两种酶，其中之一就是碳酸酐酶，锌是此酶的主要成分。蛋鸡缺锌，碳酸酐酶活性降低影响蛋壳形成。正常情况下产蛋鸡须摄取 50 毫克/千克的锌才能保证蛋壳正常，同时锌只有同锰一起添加到日粮中才有效，适宜的添加比例是 50 和 75 毫克/千克。其中锰如果偏高会影响锌的吸收，而对蛋壳质量产生影响。

③ 镁。镁与蛋壳质量有着密切关系，因为蛋壳的无机物质成分包括差不多等量的镁（0.9%）及磷，但一般情况并不会缺镁，如果缺少镁会导致蛋壳变薄，产蛋量下降；相反，如果高镁（≥0.56%）鸡的采食量和产蛋指标均下降，蛋的破损率提高，适宜的镁是 0.4% 或稍高。要使蛋壳保持良好的抗裂强度不能只着眼于饲料的营养成分浓度，同时需要有效成分均匀分布于饲料中。

34. 如何保证蛋壳质量？

（1）加强营养管理　严格按照蛋鸡的饲养标准制定饲料配方，生产全价配合饲料。影响蛋壳质量的因素主要是钙、磷、锰和维生素D_3等矿物质。在设计饲料配方时，首先应该注意产蛋料钙的含量，它是形成蛋壳的主要成分，随着鸡龄的增加，钙的含量也要相应增加，特别是产蛋后期更要增加饲料中钙含量。并且选择溶解度好的钙源如石灰石，但要注意检测其中镁、氟的含量不要超标。并且在饲养过程中注意补钙时间、方法。理论上讲下午蛋壳沉积最多，此时补充的饲料钙经小肠吸收后直接进蛋壳腺形成蛋壳，而不必沉积于骨中后再动用，经实践证明结果显著，见表5-4。

表5-4　不同的补钙时间对鸡蛋壳质量的影响

种鸡舍	补钙时间	平均破蛋率（%）	种蛋合格率（%）
1	下午补钙	3.48	92.3
2	日粮补钙	4.63	91.2

另外，鸡产蛋前补钙有利骨灰分的增加和骨钙的贮存，开产补钙以两周为宜，过早补钙反而不利，一般而言，每只鸡给予 4.8 克钙或饲喂含钙量 3.7% 的饲料就足够了，产蛋末期，钙增加到 5 克或饲料含钙 4% 以上。其次，应保证饲料中有效磷的含量，掌握好合适的钙、磷比例。最后，在饲料中要添加足够维生素 D_3、维生素 C 及其他矿物质以保证正常的营养需要，确保蛋壳质量。

（2）控制疾病　要注意新城疫病和传染性支气管及白痢等疾病的侵入，严格执行防疫消毒卫生制度，接种好疫苗，搞好环境卫生，杜绝一切传染来源，保障鸡群健康。

（3）遗传方面　育种场在对种鸡选种时，在其他生产性能均相同的情况下要留种产厚壳蛋的鸡，以提高商品代鸡的蛋壳厚度。

35. 鸡蛋大小和蛋壳颜色的影响因素有哪些？

（1）影响鸡蛋大小的因素　① 鸡的品种。② 开产日龄。开产日龄直接影响产蛋期蛋重。开产日龄越大，中后期所产的蛋越大；开产日龄每推迟 1 天，平均蛋重增加 0.1 克。实际饲养中，通过控光、限饲调控开产日龄。③ 产蛋周龄（一般开产后 18 周蛋重达到标准，开产时的蛋重仅为标准蛋重的 80%）。④ 开产季节。⑤ 光照。⑥ 母鸡体重。⑦ 环境温度。⑧ 营养。能量水平影响母鸡的采食量，从而影响体重。提高能量摄入量，有可能育成体重较大的母鸡，使开产时及整个产蛋期蛋重增加。蛋白质进食量是决定蛋重的关键因素。日粮蛋白质从 12%~18%，每增减 1% 可使蛋重增减 1.2 克。日粮含硫氨基酸水平也影响蛋重，在一定范围内，蛋重随含硫氨基酸水平增加而提高。亚油酸直接参与蛋黄的形成，日粮亚油酸水平达到 1.5% 以上，可保证蛋重达到要求。

除以上因素，饮水、食盐摄入量、母鸡健康状况及用药等都会影响蛋重。

（2）影响蛋壳颜色的因素　蛋壳颜色在输卵管内形成，腺体分泌和色素沉积连续构成蛋壳棕色素，这一过程在鸡蛋产出前 4~5 小时内完成。输卵管黏膜复层柱状上皮的顶细胞分泌钙，分泌细胞分泌釉质（色素）。蛋壳颜色主要由血红蛋白的分解产物胆绿素控制。饲料中的色素并不能沉积到蛋壳上。蛋壳颜色的影响因素概括起来有以下几方面。

① 遗传、品种。不同品种蛋壳颜色有所差异。

② 周龄。40周龄以后蛋壳颜色有变浅的趋势。

③ 输卵管病变。水肿、出血、坏死、黏膜脱落均影响蛋壳色素的正常沉积。蛋鸡被其他鸡啄伤肛门，输卵管脱垂或另外形成的肛门创伤都会导致输卵管内细菌感染。

④ 传染病。传染性支气管炎（软壳、粗壳、破壳蛋，蛋壳颜色变白）；新城疫（薄壳蛋，影响时间可长达2个月左右）；减蛋综合征（感染后7~14天产蛋率下降20%~40%，破损率30%~40%，早期蛋壳颜色减褪，继而薄壳、软壳、粗壳、无壳、凹凸不平等）；另外，某些细菌病如大肠杆菌病、沙门氏菌、梭菌等也可导致蛋质下降（原因：这些细菌在肠道内大量繁殖，使肠道菌群失调，消化吸收功能下降，导致钙量不足。同时，细菌引起输卵管、子宫部炎症以及产生的毒素，使蛋壳腺细胞形态和功能改变，钙及色素沉积受到影响，蛋壳质量下降，颜色变浅。）

⑤ 药物。磺胺类、呋喃类、喹乙醇、抗球虫药等干扰蛋壳颜色的形成，产蛋鸡磺胺类、呋喃类、喹乙醇均应禁用。饲料中各种霉菌毒素、有机氯农药残留，蛋鸡体内的磺胺毒性均会使蛋壳失去正常颜色。

⑥ 应激。高温应激、寒冷刺激、疫苗接种、光照程序紊乱、噪声、惊吓、缺水、换料突然等都会影响蛋壳颜色。

第六章 蛋鸡常见病的防控

1. 新城疫是怎样发生和流行的?

幼雏和中雏易感性最高,两年以上鸡易感性较低。本病的主要传染源是病鸡以及在流行间歇期的带毒鸡,受感染的鸡在出现症状前24小时,就可由口、鼻分泌物和粪便排出病毒。而痊愈鸡带毒排毒的情况则不一致,多数在症状消失后7天就停止排毒。被病毒污染的饲料、饮水和尘土经消化道、呼吸道或结膜传染易感鸡。

本病一年四季均可发生,但以冬春寒冷季节较易流行。本病在易感鸡群中呈毁灭性流行,发病率和病死率可达95%或更高。近年来,由于免疫程序不当,或有其他疾病存在抑制ND抗体的产生,常引起免疫鸡群发生非典型新城疫。一旦在鸡群建立感染,通过疫苗免疫的方法无法将其从鸡群中清除,而在鸡群内长期维持,当鸡群的免疫力下降时,就可能表现出症状。

常见的发病原因如下。

(1)弱毒苗饮水免疫后显著排毒 研究证实,新城疫弱毒活疫苗经饮水免疫之后,可通过呼吸道和消化道向外界排毒,尤其是免疫后的两周内排毒更显著。

(2)鸡场受野毒污染,毒力增强 在我国,小规模大群体的饲养方式仍旧存在,饲养管理和防疫水平参差不齐。有些鸡场存在到处乱扔死鸡,更有甚者一旦鸡群发生急性传染病,往往任意出售病鸡,造成病原的人为传播。新城疫病毒能随空气、带病毒野鸟广泛传播,有调查表明,我国商品鸡群中普遍存在新城疫强病毒。新城疫病毒污染鸡场后,在病鸡体内大量复制、循环,使毒力增强,并长期维持下去,一旦遇到免疫水平低的鸡群或免疫力不足的鸡,极易发生非典型新城疫。

（3）疫苗使用不规范　主要表现在以下几个方面。① 长期使用饮水免疫。由于人工成本的普遍升高，或贪图省时省力，很多养鸡场新城疫的免疫长期采用饮水的免疫方法，造成鸡群饮入有效疫苗剂量差异较大，从而造成鸡群新城疫抗体参差不齐，疫苗保护力不高。② 免疫接种时操作不当。滴鼻、点眼免疫时未等疫苗确实进入鼻、眼内就把鸡放回地面，鸡只得不到足够的免疫剂量；饮水免疫易受水质、水温、水量、停水时间的影响，往往不能产生足够的免疫力，免疫效果也不一致；注射免疫要避免刺伤骨骼、血管和神经，防止穿针；气雾免疫时雾滴太大或雾滴不均匀，造成免疫不均匀，雾滴过小易诱发鸡毒支原体。这些均能导致鸡群新城疫抗体忽高忽低，疫苗保护力不高。③ 疫苗稀释方法错误。目前养鸡场进行弱毒疫苗免疫时，多采用直接打开疫苗瓶盖，灌入饮用水。由于空气压和水质的问题，导致疫苗部分失活，有效免疫剂量不足，直接影响免疫效果。

（4）重视血清抗体，忽视局部免疫作用　目前的养殖生产中，很多鸡场只重视油乳剂灭活苗而忽视弱毒疫苗的作用。虽然油乳剂灭活苗安全性高，不散毒，能提高体液免疫，产生大量的IgG，有较好的免疫效果。但由于弱毒活苗只通过饮水的方法产生有限的局部细胞免疫，不能有效刺激呼吸道黏膜足量分泌IgA抗体，再加上消化道受到霉菌毒素、球虫、产气荚膜梭菌等的影响，肠道黏膜免疫系统受损，呼吸道和肠道不能有效抵抗外界野毒的侵袭而发生新城疫。

（5）强化免疫间隔时间太近　目前的养鸡生产中，基本上每月一次新城疫活疫苗的饮水免疫。由于两次免疫间隔时间太近，会出现免疫干扰，造成HI抗体滴度不均匀，致使二免前后发生非典型新城疫的情况较多，甚至发生免疫麻痹，致使鸡群免疫抗体水平严重不足，再加上饮水免疫后的排毒，鸡舍环境野毒数量增大，导致疫苗保护力显著下滑。

（6）疫苗之间的相互干扰　目前由于家禽疫病增多，频繁使用多种疫苗，尤其是弱毒疫苗，其先后顺序和间隔日期对免疫力的产生有一定的影响。如新城疫免疫的同时，还做传染性喉气管炎、传染性法氏囊疫苗的接种。病毒进入体内细胞产生干扰素，由于不同病毒在体

163

内启动速度不同，往往启动速度快的（如传染性支气管炎病毒）抑制启动速度慢的（如新城疫病毒），造成免疫干扰，导致新城疫免疫失败。更有甚者新城疫疫苗与鸡痘同时注射，导致更加严重的干扰现象，两者均不能产生有效的免疫保护。

（7）免疫抑制性疾病　鸡群感染传染性法氏囊、马立克、禽白血病、网状内皮组织增殖病、鸡贫血因子等免疫抑制性疾病，损伤鸡的免疫器官，抑制机体的免疫应答，导致免疫力下降。另外，霉菌毒素中毒、鸡白痢、大肠杆菌病、球虫病等也会造成机体的免疫机能下降，新城疫免疫接种后，很难产生坚强的免疫力。

（8）应激　高温、寒冷、饥饿、缺水、运输、饲养密度过大、通风换气不良，有害气体浓度过高等应激，可导致机体新陈代谢紊乱，免疫球蛋白合成不足，抵抗力下降，易感性增高。同时，应激导致肾上腺皮质激素分泌激增，抑制免疫功能，免疫应答力减弱，往往造成免疫失败。

2. 新城疫有哪些主要临床症状与病理变化？

本病的潜伏期为 2~14 天，平均 5~6 天。发病的早晚及症状表现依病毒的毒力、宿主年龄、免疫状态、感染途径及剂量、有无并发感染、环境因素及应激情况而有所不同。根据病程长短和病势缓急可分为最急性型、急性型、亚急性型或慢性型。由于不同蛋鸡场管理水平不一样，其症状及病变也有差异，在饲养管理条件差的鸡场主要表现为典型新城疫，在饲养管理条件较好的鸡场主要表现为非典型的新城疫。

（1）典型新城疫

① 最急性型。突然发病，常无明显症状而迅速死亡。多见于流行初期和雏鸡。

② 急性型。最常见。病初体温升高达 43~44℃，食欲减退或废绝，精神委顿，垂头缩颈，眼半闭，状似昏睡，鸡冠及肉髯渐变暗红色或紫黑色。有的病鸡还出现神经症状，如翅、腿麻痹，头颈歪斜或后仰。

产蛋量下降，畸形蛋增多。随着病程的发展，病鸡咳嗽、呼吸困难，有黏液性鼻漏，常伸头，张口呼吸，并发出"咯咯"的喘鸣声。口角常流出大量黏液，为排出此黏液，病鸡常作摇头或吞咽动作。病鸡嗉囊内充满液体内容物，倒提时常有大量酸臭的液体从口内流出。粪便稀薄，呈黄绿色或黄白色，后期排蛋清样的粪便。

③ 亚急性或慢性。初期症状与急性型相似，不久后渐见减轻，但同时出现神经症状，患鸡翅腿麻痹，跛行或站立不稳，头颈向后或向一侧扭转。有的病鸡貌似正常，但受到惊吓时，突然倒地抽搐，常伏地旋转，数分钟后恢复正常。病鸡动作失调，反复发作，最终瘫痪或半瘫痪，一般经 10~20 天死亡。此型多发生于流行后期的成年鸡，病死率较低。但生产性能下降，慢性消瘦，有些病鸡因不能采食而饿死。

当非免疫鸡群或严重免疫失败鸡群受到速发型嗜内脏型和速发型肺脑型毒株攻击时，可引起典型新城疫。

典型新城疫的主要病变为全身黏膜、浆膜出血和坏死，尤其以消化道和呼吸道最为明显。

最急性型：由于发病急骤，多数没有肉眼可见的病变，个别死鸡可见胸骨内面及心外膜上有出血点。

急性型：口腔中有大量黏液和污物，嗉囊内充满多量酸臭液体和气体，在食管与腺胃和腺胃与肌胃交界处常见有条状或不规则出血斑，腺胃黏膜水肿，其乳头或乳头间有明显的出血点，或有溃疡和坏死，这是比较典型的特征性病变。肌胃角质层下也常见有出血点，有时形成溃疡。由小肠到盲肠和直肠黏膜有大小不等的出血点，肠黏膜上有纤维素性坏死性病灶，呈"岛屿状"凸出于黏膜表面，其上有的形成假膜，假膜脱落后即成溃疡，这亦是新城疫的一个特征性病理变化。盲肠扁桃体常见肿大、出血和坏死（枣核样坏死）。严重者肠系膜及腹腔脂肪上可见出血点。喉头、气管内有大量黏液，甚至形成黄色干酪样物，并严重出血。肺有时可见瘀血或水肿。心外膜、心冠脂肪有细小如针尖大的出血点。产蛋母鸡的卵泡和输卵管显著充血，卵泡膜极易破裂以致卵黄流入腹腔引起卵黄性腹膜炎。脾、肝、肾无特殊病变；脑膜充血或出血。

亚急性或慢性型：剖检变化不明显，个别鸡可见卡他性肠炎，直肠黏膜、泄殖腔有条状出血，少量病鸡腺胃乳头出血。

（2）非典型新城疫 中鸡常见，于二次弱毒苗（Ⅱ系或Ⅳ系）接种之后表现非典型性，排黄绿色稀粪，呼吸困难，10%左右出现神经症状。

成鸡非典型性新城疫很少出现神经症状，主要表现产蛋明显下降，幅度在10%~30%。并出现畸形蛋、软壳蛋和糙皮蛋。排黄白或黄绿色稀粪，有时伴有呼吸道症状。

免疫鸡群发生新城疫时，其病变不很典型，仅见黏膜卡他性炎症、喉头和气管黏膜充血，腺胃乳头出血少见，但多剖检数只，可见有的病鸡腺胃乳头有少数出血点，直肠黏膜和盲肠扁桃体多见出血。

3. 如何防控新城疫？

要建立严格的兽医卫生制度，防止一切带毒动物和污染物品进入鸡群，进入的人员和车辆应该消毒，不从疫区引进种蛋和鸡苗，新购鸡必须接种新城疫疫苗，并隔离观察两周以上，证明健康者方可混群。

（1）疫苗的种类及使用 目前鸡新城疫疫苗种类多，但总体上分为弱毒活苗和灭活疫苗两大类。

目前国内使用的活疫苗有：Ⅰ系苗(Mukteswar株)、Ⅱ系苗(HBl株)、Ⅲ系苗(F株)、Ⅳ系苗(Lasota株)和Clone30等。

Ⅰ系苗属中等毒力，在弱毒疫苗中毒力最强，一般用于2月龄以上的鸡，或经2次弱毒苗免疫后的鸡，幼龄鸡使用后可引起严重反应，甚至导致发病。Ⅰ系苗多采用肌内注射，接种后3~4天即可产生免疫，免疫期6个月以上。在发病地区常用作紧急接种。绝大多数国家已禁止使用，我国家禽及家禽产品出口基地应禁用Ⅰ系苗。

Ⅱ、Ⅲ、Ⅳ系苗和Clone30都是弱毒疫苗，大小鸡均可使用，多采用滴鼻、点眼、饮水及气雾免疫。免疫后7~9天产生免疫力，免疫期3个月左右。目前应用最广的是Ⅳ系苗及其克隆株（Clone30）。Ⅲ、Ⅳ系苗对大群雏鸡可作饮水免疫，气雾免疫时鸡龄应在2月龄以上，以减少诱发呼吸道病。Ⅱ系毒力最弱的一种，常用于雏鸡首次免疫。

灭活苗：多与弱毒苗配合使用。灭活苗接种后 21 天产生免疫力，产生的抗体水平高而均匀，因不受母源抗体干扰，免疫力可持续半年以上。

（2）免疫程序　母源抗体对 ND 免疫应答有较大的影响。母鸡接种疫苗后，可将其抗体通过卵黄传给雏鸡，雏鸡在 3 日龄抗体滴度最高，以后逐渐下降。具有母源抗体的雏鸡既有一定的免疫力，又对疫苗接种有干扰作用，因此多数人主张最好在母源抗体刚刚消失之前的 7 日龄时作第一次疫苗接种，在 30~35 日龄时作第二次接种，但在有本病流行的地区是不安全的，因为母源抗体不足以抵抗强毒感染。

在有条件的鸡场，一般根据对鸡群 HI 抗体免疫监测结果，确定初次免疫和再次免疫的时间，这最科学。对鸡群抽样采血作 HI 试验，如果 HI 效价高于 25，进行首免几乎不产生免疫应答，一般当抗体水平在 4log2 以下时免疫效果最好（主要是对活苗来讲）。对产蛋鸡则在 5~6log2 时即可再次免疫。

（3）注意免疫抑制病的防治　一旦鸡患上免疫抑制性疾病，可引起免疫力下降，此时接种 ND 疫苗，产生抗体水平较低，严重的甚至无抗体产生。常见的免疫抑制性疾病有 MD、IBD、白血病、网状内皮组织增生症。使用中等偏强毒力的 IBD 疫苗，亦可使 ND 的免疫应答受到严重抑制。因此在鸡群进行 ND 免疫时必须重视和加强对免疫抑制病的防治。

新城疫是 A 类传染病，发生本病时应按《中华人民共和国动物防疫法》及其有关规定，尽快将其扑灭或控制。主要措施有封锁鸡场，对受污染的用具、物品和环境要彻底消毒，分群隔离。同时对全场鸡用Ⅰ系苗或Ⅳ系紧急接种，接种顺序为假定健康鸡群→可疑鸡群→病鸡群，一般注射后 3 天，饮水后 5 天可停止或减少死亡。在发病初期注射抗血清或卵黄抗体。病鸡和死鸡尸体深埋或焚烧。最后一个处理后 2 周，经严格消毒后，方可解除封锁。

4. 如何诊断低致病性禽流感？

（1）流行情况　禽流感是由 A 型流感病毒引起的禽类的一种急性、热性、高度接触性传染病。临床症状复杂，对蛋鸡生产危害大，且人禽共患，被世界动物卫生组织列入 A 类传染病，我国将此病列入一类传染病。

禽流感病毒属于正黏病毒科流感病毒属的成员，有 A、B、C 三个血清型，禽流感病毒属于 A 型。根据流感病毒的血凝素（HA）和神经氨酸酶（NA）抗原的差异，将其分为不同的亚型。目前，A 型流感病毒的血凝素已发现 15 种，神经氨酸酶 9 种，分别以 H1~H15、N1~N9 表示，所有的禽流感病毒都是 A 型。临床最常见的是 H5N1、H9N2 亚型。

H9N2 一般引起较为温和的临床症状。典型发病时，传播范围广且发病突然，感染率高；呈非典型发生时，通常不出现特征性的临床症状，但会造成免疫抑制，造成新城疫免疫失败，产蛋率下降，继发感染与死淘率升高。

（2）临床症状　低致病性禽流感因地域、季节、品种、日龄、病毒的毒力不同而表现出症状不同、轻重不一的临床变化。

①　精神不振，或闭眼沉郁，体温升高，发烧严重鸡将头插入翅内或双腿之间，反应迟钝。

②　拉黄白色带有大量泡沫的稀便或黄绿色粪便，有时肛门处被淡绿色或白色粪便污染。

③　呼吸困难，打呼噜，呼噜声如蛙鸣叫，此起彼伏或遍布整个鸡群，有的鸡发出尖叫声，甩鼻，流泪，肿眼或肿头，肿头严重鸡如猫头鹰状。下颌肿胀。

④　鸡冠和肉髯发绀、肿胀，鸡脸无毛部位发紫；病鸡或死鸡全身皮肤发紫或发红。

⑤　继发大肠杆菌、气囊炎后，造成较高的致死率。

（3）病理变化

①胫部鳞片出血。

②肺脏坏死，气管栓塞，气囊炎。

③肾脏肿大，紫红色，花斑样。

④皮下出血。病鸡头部皮下胶冻样浸润，剖检呈胶冻样；颈部皮下、大腿内侧皮下、腹部皮下脂肪等处，常见针尖状或点状出血。

⑤腺胃肌胃出血。腺胃肿胀，腺胃乳头水肿、出血，肌胃角质

层易剥离，角质层下往往有出血斑；肌胃与腺胃交界处常呈带状或环状出血。

⑥心肌变性，心内、外膜出血；心冠脂肪出血。

⑦肠臌气，肠壁变薄，肠黏膜脱落。

⑧胰脏边缘出血或坏死，有时肿胀呈链条状。

⑨脾脏肿大，有灰白色的坏死灶。

⑩胸腺萎缩，出血。继发肝周炎、气囊炎、心包炎。

5. 怎样防控禽流感?

（1）加大监测力度，完善疫情上报制度　禽流感流行性强，一旦发生危害巨大。其中野鸟是主要的潜在病源，要努力减少野鸟对家禽的威胁。建立全国跨部门的野鸟迁移、带毒监测预警机制；养禽场要建立完善并认真执行综合生物安全措施。

（2）制定合理的免疫程序，建立科学的管理制度

①科学免疫。在疫苗免疫时要坚持四个原则：做好预警性免疫接种。发现周边的县市的鸡场有禽流感流行时，第一时间对自己鸡场的所有鸡，紧急免疫接种禽流感油苗。一定选择使用有资质的大厂家研制的新流行毒株禽流感疫苗。至少要选择三个厂家的疫苗，且交叉使用。坚持禽流感 H5 每 2 个月免疫一次；坚持新城疫 H9（要特别注意免疫）3 个月注射免疫一次。

②坚持科学的管理。坚持"预防为主"的科学管理制度：禽类的检疫、隔离。做好鸡场的防鸟、防暑工作。做好鸡场的隔离，减少外界人员接触鸡群，若必须接触要认真彻底的消毒。做好家禽的日常管理和定期消毒。做好抗体的监测和免疫调整。

发生高致病性禽流感时，因发病急，发病率和死亡率高，目前尚无好的治疗方法。根据国家制定的《重大动物疫情应急条例》和《高致病性禽流感应急预案》规定，对高致病性禽流感的防控措施包括：疫情报告、疫情诊断、疫点疫区的划分和隔离封锁、扑杀、消毒、紧急免疫接种，紧急应急体系、经费来源和保证等。

扑杀疫区内所有家禽（疫点周围 3 千米半径范围内）；对疫区、受威胁区禽只观察或实施紧急免疫接种（疫区顺延 5 千米半径范

围）；对疫区内禽舍、饲养管理用具等进行严格彻底消毒，污水、污物、粪便无害化处理。禽群处理后，禽场还要全面清扫、清洗、消毒，空舍至少3个月，最后一个病例扑杀后1个月解除封锁。

6. 怎样诊断鸡传染性支气管炎？

鸡传染性支气管炎是由传染性支气管炎病毒引起的鸡的一种急性高度接触性呼吸道传染病。其临诊特征是呼吸困难、发出啰音、咳嗽、张口呼吸、打喷嚏。如果病原不是肾病变型毒株或不发生并发病，死亡率一般较低。产蛋鸡感染通常出现产蛋量降低，蛋品质下降。本病广泛流行于世界各地，是养鸡业的重要疫病。

（1）发病情况 传染性支气管炎病毒对环境抵抗力不强，对普通消毒药过敏，对低温有一定的抵抗力。传染性支气管炎病毒具有很强的变异性，目前世界上已分离出30多个血清型。在这些毒株中多数能使气管产生特异性病变，但也有些毒株能引起肾脏病变和生殖道病变。

本病主要通过空气传播，也可以通过饲料、饮水、垫料等传播。饲养密度过大、过热、过冷、通风不良等可诱发本病。1日龄雏鸡感染时使输卵管发生永久性的损伤，使其不能达到应有的产量。

本病感染鸡，无明显的品种差异。各种日龄的鸡都易感，但5周龄内的鸡症状较明显，死亡率15%~19%。发病季节多见于秋末至次年春末，以冬季最为严重。环境因素主要是冷、热、拥挤、通风不良，特别是强烈的应激作用如疫苗接种、转群等可诱发该病发生。传播方式主要是通过空气传播。此外，人员、用具及饲料等也是传播媒介。本病传播迅速，常在1~2天波及全群。一般认为本病不能通过种蛋垂直传播。

（2）临床症状与病理变化 本病自然感染的潜伏期为36小时或更长一些。本病的发病率高，雏鸡的死亡率可达25%以上，但6周龄以上的死亡率一般不高，病程一般多为1~2周。雏鸡、产蛋鸡、肾病变型的症状不尽相同。

① 临床症状。

雏鸡：无前驱症状，全群几乎同时突然发病。最初表现呼吸道症状，畏寒怕冷，流鼻涕、流泪、鼻肿胀、咳嗽、打喷嚏、伸颈张口喘气。夜间听到明显嘶哑的叫声。随着病情发展，症状加重，缩头闭目、垂翅挤堆、食欲不振、饮欲增加，如治疗不及时，有个别死亡现象。

产蛋鸡：表现轻微的呼吸困难、咳嗽、气管啰音，有呼噜声。精神不振、减食、拉黄色稀粪，症状不很严重，有极少数死亡。发病第2天产蛋开始下降，1~2周下降到最低点，有时产蛋率可降到一半，并产软蛋和畸形蛋，蛋清变稀，蛋清与蛋黄分离，种蛋的孵化率也降低。产蛋量回升情况与鸡的日龄有关，产蛋高峰的成年母鸡，如果饲养管理较好，经2个月基本可恢复到原来水平，但老龄母鸡发生此病，产蛋量大幅下降，很难恢复到原来的水平，可考虑及早淘汰。

肾病变型：多发于20~50日龄的幼鸡。在感染肾病变型的传染性支气管炎毒株时，由于肾脏功能的损害，病鸡除有呼吸道症状外，还可引起肾炎和肠炎。肾型支气管炎的症状呈二相性：第一阶段有几天呼吸道症状，随后又有几天症状消失的"康复"阶段；第二阶段就开始排水样白色或绿色粪便，并含有大量尿酸盐。病鸡失水，表现虚弱嗜睡，鸡冠褪色或呈紫兰色。肾病变型传染性支气管炎病程一般比呼吸器官型稍长（12~20天），死亡率也高（20%~30%）。腿部干燥，无光泽，脚爪干瘪，脱水。

②病理变化。主要病变在呼吸道。在鼻腔、气管、支气管内，可见有淡黄色半透明的浆液性、黏液性渗出物，气管环出血，病程稍长的变为干酪样物质并形成栓子。气囊可能混浊或含有干酪性渗出物。产蛋母鸡卵泡充血、出血或变形；输卵管短粗、肥厚，局部充血、坏死。雏鸡感染本病则输卵管损害时永久性的，长大后一般不能产蛋。肾病变型支气管炎除呼吸器官病变外，可见肾肿大、苍白，肾小管内尿酸盐沉积而扩张，肾呈花斑状，输尿管尿酸盐沉积而变粗。心、肝表面也有沉积的尿酸盐似一层白霜。有时可见法氏囊有炎症和出血症状。

肾肿，色泽不均，有白色尿酸盐沉积，形似花斑肾，输尿管内积大量尿酸盐结晶。

7. 如何防控鸡传染性支气管炎?

（1）预防　本病预防应考虑减少诱发因素，提高鸡只的免疫力。清洗和消毒鸡舍后，引进无传染性支气管炎病疫情鸡场的鸡苗，搞好雏鸡饲养管理，鸡舍注意通风换气，防止过于拥挤，注意保温，适当补充雏鸡日粮中的维生素和矿物质，制定合理的免疫程序。

（2）治疗　对传染性支气管炎常用中西医结合的对症疗法。由于实际生产中鸡群常并发细菌性疾病，故采用一些抗菌药物有时显得有效。对肾病变型传染性支气管炎的病鸡，有人采用口服补液盐、0.5% 碳酸氢钠、维生素 C 等药物投喂能起到一定的效果。

① 发病时中药止咳平喘。每 1 万只鸡取金银花、连翘、板蓝根、大青叶、黄芩各 500 克，川贝、桔梗、党参、黄芪各 400 克，甘草100 克。上述药物置于锅内，加水 15 千克，煮沸 20 分钟，取药汁备用。应用时，将药汁按 1∶5 加水稀释。每天早上给药一次，置于饮水线中让鸡自由饮用。连续 3 天为一疗程。用抗菌药物防止继发感染。饲养管理用具及鸡舍要消毒。病愈鸡不可与易感鸡混群饲养。

② 疫苗接种。疫苗接种是目前预防传染性支气管炎的一项主要措施。目前用于预防传染性支气管炎的疫苗种类很多，可分为灭活苗和弱毒苗两类。

灭活苗：采用本地分离的病毒株制备灭活苗是一种很有效的方法，但由于生产条件的限制，因此，目前未被广泛应用。

弱毒苗：单价弱毒苗目前应用较为广泛的是引进荷兰的 H120、H52 株。H120 对 14 日龄雏鸡安全有效，免疫 3 周保护率达 90%；H52 对 14 日龄以下的鸡会引起严重反应，不宜使用，但对 90~120日龄的鸡却安全，故目前常用的程序为 H120 于 10 日龄、H52 于30~45 日龄接种。

新城疫 – 传染性支气管炎的二联苗由于存在着传染性支气管炎病毒在鸡体内对新城疫病毒有干扰的问题，所以在理论上和实践上对此种疫苗的使用价值一直存在争议，但由于使用上较方便，并节省资金，故应用者也较多。

以上各疫苗的接种方法、剂量及注意事项，应按说明书严格操作。

8. 如何诊断鸡传染性法氏囊炎？

传染性法氏囊炎又称甘波罗病，是由传染性法氏囊病毒引起的主要危害幼龄鸡的一种急性、接触性、免疫抑制性传染病。除可引起易感鸡死亡外，早期感染还可引起严重的免疫抑制。

（1）发病情况　自然情况下，本病只感染鸡，白来航鸡比重型品种鸡易感，肉鸡比蛋鸡易感。主要发生于 2~15 周龄鸡，3~6 周龄最易感。感染率可达 100%，死亡率常因发病年龄、有无继发感染而有较大变化，多在 5%~40%，因传染性法氏囊病毒对一般消毒药和外界环境抵抗力强大，污染鸡场难以净化，有时同一鸡群可反复多次感染。

目前，本病流行发生了许多变化，主要表现在以下几点。

① 发病日龄明显变宽，病程延长。

② 临床可见传染性法氏囊炎最早可发生于 1 日龄幼雏。

③ 免疫鸡群仍然发病。该病免疫失败越来越常见，而且在我国肉鸡养殖密集区出现一种鸡群在 21~27 日龄进行过法氏囊疫苗二免后几天内暴发法氏囊病的现象。

④ 出现变异毒株和超强毒株。临床和剖检症状与经典毒株存在差异，传统法氏囊疫苗不能提供足够的保护力。

⑤ 并发症、继发症明显增多，间接损失增大。在传染性法氏囊炎发病的同时，常见新城疫、支原体、大肠杆菌、曲霉菌等并发感染，致使死亡率明显提高，高者 80% 以上，有的鸡群不得不全群淘汰。

（2）临床症状与病理变化

① 潜伏期 2~3 天，易感鸡群感染后突然大批发病，采食量急剧下降，翅膀下垂，羽毛蓬乱，怕冷，在热源处扎堆。

② 饮水增多，腹泻，排出米汤样稀白粪便或拉白色、黄色、绿色水样稀便，肛门周围羽毛被粪便污染，恢复期常排绿色粪便。

③ 发病后期如继发鸡新城疫或大肠杆菌病，可使死亡率增高。

④ 耐过鸡贫血消瘦，生长缓慢。

⑤病死鸡脱水，皮下干燥，胸肌和两腿外侧肌肉条纹状或刷状出血。

⑥法氏囊黄色胶冻样渗出，囊内皱褶出血，严重者呈紫葡萄样外观。

⑦肾脏肿胀，花斑肾，肾小管和输尿管有白色尿酸盐沉积。

9. 怎样防控鸡法氏囊炎？

（1）对发病鸡群及早注射高免卵黄抗体　制作法氏囊卵黄抗体的抗原最好来自本鸡场，每只鸡肌内注射1毫升。板蓝根10克，连翘10克，黄芩10克，海金沙8克，诃子5克，甘草5克，共研细末，混合均匀，每只鸡0.5~1克拌料，连用3~5天。如能配合补肾、通肾的药物，可促进机体尽快恢复。使用敏感的抗生素，防止继发大肠杆菌病等细菌病。

（2）疫苗免疫是控制传染性法氏囊炎最经济、有效的措施　按照毒力大小，传染性法氏囊炎疫苗可分为三类。一是温和型疫苗，如D78、LKT、LZD228、PBG98等，这类苗对法氏囊基本无损害，但接种后抗体产生慢，抗体效价低，对强毒的传染性法氏囊炎感染保护力差；二是中等毒力的活苗，如B87、BJ836、细胞苗IBD-B2等，这类疫苗在接种后对法氏囊有轻度损伤，接种72小时后可产生免疫活力，持续10天左右消失，不会造成免疫干扰，对强毒的保护力较高；三是中等偏强型疫苗，如MB株、J-I株、2512毒株、288E等，对雏鸡有一定的致病力和免疫抑制力，在传染性法氏囊炎重污染地区可以使用。

一般采取14日龄法氏囊冻干苗滴口，28日龄法氏囊冻干苗饮水。在容易发生法氏囊病的地区，14日龄法氏囊的免疫最好采用进口疫苗，每只鸡1羽份滴口，或2羽份饮水。必要时，28日龄二免，可采用饮水法免疫，但用量要加倍。

（3）落实各项生物安全措施，严格消毒　进雏前，要对鸡舍、用具、设备彻底清扫、冲洗，使用碘制剂或甲醛高锰酸钾熏蒸消毒。进雏后坚持使用1:600倍的聚维酮碘溶液带鸡消毒，隔日一次。

10. 如何诊断鸡痘?

鸡痘是由鸡痘病毒引起的一种接触性传染病,以体表无毛、少毛处皮肤出现痘疹或上呼吸道、口腔和食管黏膜的纤维素性坏死形成假膜为特征的一种接触性传染病。

(1)发病情况　各种年龄的鸡均可感染,但主要发生于幼鸡。主要通过皮肤或黏膜的伤口感染而发病,吸血昆虫,特别是蚊虫(库蚊、伊蚊和按蚊)吸血,在本病中起着传播病原的重要作用。

一年四季均可发生,但以秋季和冬季多见。秋季和初冬多见皮肤型,冬季多见黏膜型。

蚊子吸取过病鸡的血液,之后即带毒长达 10~30 天,其间易感染的鸡就会通过蚊子的叮咬而感染;鸡群恶癖,啄毛,造成外伤,鸡群密度大,通风不良,鸡舍内阴暗潮湿,营养不良,均可成为本病的诱发因素。没有免疫鸡群或者免疫失败鸡群高发。

(2)临床症状与病理变化　根据症状和病变以及病毒侵害鸡体部位的不同,分为皮肤型、黏膜型、混合型三种类型。开始以个体皮肤型出现,发病缓慢不被养殖户重视,接着出现眼流泪,有泡沫,个别出现鸡只呼吸困难,喉头现黄色假膜,造成鸡只死亡现象。

① 皮肤型鸡痘。特征是在鸡体表面无毛或少毛处,如鸡冠、肉垂、嘴角、眼睑、耳球和腿脚、泄殖腔和翅的内侧等部位形成一种特殊的痘疹。痘疹开始为细小的灰白色小点,随后体积迅速增大,形成如豌豆大黄色或棕褐色的结节。

一般无明显的全身症状,对鸡的精神、食欲无大影响。但感染严重的病例,体质衰弱者,则表现出精神萎靡、食欲不振、体重减轻、生长受阻现象。

皮肤型鸡痘一般很难见到明显的病理变化。

② 黏膜型鸡痘。也称白喉型鸡痘。痘疮主要出现在口腔、咽喉、气管、眼结膜等处的黏膜上,痘痂堵塞喉头,往往使鸡窒息死亡。

表现为病鸡精神委顿、厌食,眼和鼻孔流出液体。2~3 天后,口腔和咽喉等处的黏膜发生痘疹,初呈圆形的黄色斑点,逐渐形成一层黄白色的假膜,覆盖在黏膜上面。吞咽和呼吸受到影响,发出"嘎嘎"的声音，痂块脱落时破碎的小块痂皮掉进喉和气管，形成栓塞，呼吸困难，甚至窒息死亡。

③混合型鸡痘。病禽皮肤和口腔、咽喉同时受到侵害，发生痘斑。病情严重，死亡率高。

11. 怎样防控鸡痘？

（1）预防　预防鸡痘最有效的方法是接种鸡痘疫苗。夏秋流行季节，建议使用鸡痘活疫苗（鹌鹑化弱毒株），鸡翅膀内侧无血管处皮下刺种。按瓶签注明的羽份，用灭菌生理盐水稀释，用鸡痘刺种针蘸取稀释的疫苗，20～30日龄雏鸡刺1针；30日龄以上鸡刺2针。后备种鸡可于雏鸡接种后60天再接种一次。刺种后3~4天，抽查10%的鸡作为样本，检查刺种部位，如果样本中有80%以上的鸡在刺种部位出现痘肿，说明刺种成功。否则应查找原因并及时补种。

经常消除鸡舍周围的杂草，填平臭水沟和污水池，并经常喷洒杀蚊蝇剂，消灭和减少蚊蝇等吸血昆虫危害；改善鸡群饲养环境。

（2）治疗　发病后，皮肤型鸡痘可以用镊子剥离痘痂，再用碘甘油或龙胆紫涂抹。黏膜型可以用镊子小心剥掉假膜后喷入消炎药物，或用碘甘油或蛋白银溶液涂抹。眼内可用双氧水消毒后滴入氯霉素眼药水。

大群用中药抗病毒、清肺热，可用麻杏石甘散（麻黄、杏仁、石膏、甘草）+白虎汤（石膏、知母、粳米、甘草）加减；同时应用敏感抗菌药物，控制继发感染。饲料中添加维生素A有利于本病的恢复。

12. 怎样诊断鸡病毒性关节炎？

鸡病毒性关节炎是由呼肠孤病毒引起的鸡的传染病，又名腱滑膜炎。本病的特征是胫跗关节滑膜炎、腱鞘炎等，可造成鸡淘汰率增加、生长受阻，饲料报酬低。

本病仅见于鸡，可通过种蛋垂直传播。多数鸡呈隐性经过，急性感染时，可见病鸡跛行，部分鸡生长停滞；慢性病例，跛行明显，甚至跗关节僵硬，不能活动。有的患鸡关节肿胀、跛行不明显，但可见腓肠肌腱或趾屈肌腱部肿胀，甚至腓肠肌腱断裂，并伴有皮下出血，呈现典型的蹒跚步态。死亡率虽然不高，但出现运动障碍，产蛋量下降10%~15%。

（1）临床症状　病鸡食欲不振，消瘦，不愿走动，跛行；腓肠肌断裂后，腿变形，顽固性跛行，严重时瘫痪。

（2）病理变化　肉鸡趾屈腱及伸腱发生水肿性肿胀，腓肠肌腱粘连、出血、坏死或断裂。跗关节肿胀、充血或有点状出血，关节腔内有大量淡黄色、半透明渗出物。慢性病例，可见腓肠肌腱明显增厚、硬化、断裂。出现结节状增生，关节硬固变形，表面皮肤呈褐色。腱鞘发炎、水肿。有时可见心外膜炎，肝、脾和心肌上有小的坏死灶。

13. 怎样防控鸡病毒性关节炎？

（1）预防

① 加强饲养管理。注意鸡舍及环境，从无病毒性关节炎的鸡场引种。坚持执行严格的检疫制度，淘汰病鸡。

② 免疫接种。目前，实践应用的预防病毒性关节炎的疫苗有弱毒苗和灭活苗两种。种鸡群的免疫程序是：1~7日龄和4周龄各接种一次弱毒苗，开产前接种一次灭活苗，减少垂直传播的概率。但应注意不要和马立克氏病疫苗同时免疫，以免产生干扰现象。

（2）治疗　目前对于发病鸡群尚无有效的治疗方法。可试用干扰素、白介苗抑制病毒复制，敏感抗生素防止继发感染。

14. 如何诊断鸡淋巴细胞白血病？

鸡白血病是由一群具有共同特性的病毒（RNA黏液病毒群）引起的鸡的慢性肿瘤性疾病的总称，淋巴细胞性白血病是在白血病中最常见的一种。

（1）发病情况　淋巴细胞性白血病病毒主要存在于病鸡血液、羽毛囊、泄殖腔、蛋清、胚胎以及雏鸡粪便中。该病毒对理化因素抵抗力差，各种消毒药均敏感。

本病的潜伏期长，呈慢性经过，小鸡感染大鸡发病，一般6月龄以上的鸡才出现明显的临床症状和死亡。主要是通过垂直传播，也可通过水平传播。感染率高，但临床发病者很少、多呈散发。

（2）临床症状

① 在 4~5 月龄以上的鸡群中，偶尔出现个别鸡食欲减退，进行性消瘦，精神沉郁，冠及肉髯苍白皱缩或暗红。

② 常见腹泻下痢，拉绿色稀粪，腹部膨大，站立不稳，呈企鹅姿势。

③ 手可触及到肿大的肝脏，最后衰竭死亡。

④ 临床上的渐近性发病、死亡和死亡率低是其特点之一。

（3）病理变化

① 剖检，肝脏肿大，比正常肝脏大 5~15 倍不等。可延伸到耻骨前缘，充满整个腹腔，俗称"大肝病"。肝质地脆弱，并有大理石文彩，表面有弥漫性肿瘤结节。

② 脾脏肿胀，似乒乓球，表面有弥散性灰白色坏死灶。

③ 腔上囊肿瘤性增生，极度肿胀。

④ 肾脏可见肿瘤。

⑤ 骨髓褪色，呈胶冻样或黄色脂肪浸润。

⑥ 病鸡其他多个组织器官也有肿瘤。

15. 如何防控鸡淋巴细胞白血病？

无有效治疗方法。患淋巴性白血病的病鸡没有治疗价值，应该着重做好疫病预防工作。

① 鸡群中的病鸡和可疑病鸡，必须经常检出淘汰。

② 淋巴性白血病可以通过鸡蛋传染，孵化用的种蛋和留种用的种鸡，必须从无白血病鸡场引进。孵化用具要彻底消毒。种鸡群如发生淋巴细胞性白血病，鸡蛋不可再作种。

③ 幼鸡对淋巴性白血病的易感性最高，必须与成年鸡隔离饲养。

④ 通过严格的隔离、检疫和消毒措施，逐步建立无淋巴性白血病的种鸡群。

16. 怎样诊断鸡传染性喉气管炎？

传染性喉气管炎是由传染性喉气管炎病毒引起的一种急性高度接

触性呼吸道传染病。本病特征是呼吸困难，咳嗽和咳出含有血液的渗出物，喉头、气管黏膜肿胀、出血，甚至黏膜糜烂和坏死，蛋鸡产蛋率下降，死亡率高。

（1）发病情况 传染性喉气管炎病毒主要存在于病鸡的气管及其渗出物中，肝、脾和血液中较少见。病毒抵抗力中等，55℃存活10~15分钟，37℃存活22~24小时，直射阳光存活7小时。对一般消毒剂敏感，如3%来苏尔、1%火碱，1分钟即可将病毒杀死。病禽尸体内的病毒存活时间较长，在-18℃条件下能存活7个月以上。冻干后，在冰箱存活10年。经乙醚处理24小时后，即失去传染性。

在自然条件下，本病主要侵害鸡，不同品种、性别、日龄的鸡都易感，但以4~10月龄的成年鸡症状最为特征。病鸡及康复后的带毒鸡是主要传染源，病毒存在于气管和上呼吸道分泌物中，通过咳出的黏液和血液及鼻腔排出的分泌物经上呼吸道及眼结膜传播，亦可经消化道传播。污染的垫料、饲料和饮水等也可成为传播媒介。约有2%耐过鸡带毒并排毒，带毒时间长达2年，从而使感染过本病的鸡场年年发病。种蛋也能传播病毒，是否垂直传播尚不明确。易感鸡群与接种了活疫苗的鸡长时间接触，也可感染发病。

本病在易感鸡群内传播速度快，感染率90%~100%，病死率5%~70%。一般在10%~20%。在产蛋高峰期病死率较高。

本病一年四季都能发生，但以冬春季节多见。鸡群拥挤，通风不良，饲养管理不善，维生素A缺乏，寄生虫感染等，均可促进本病的发生。

（2）临床症状 本病自然感染的潜伏期为6~12天，人工气管内接种为2~4天。由于病毒的毒力不同、侵害部位不同，临床表现不同。

① 急性型（喉气管型）。由高度致病性病毒株引起。主要发生于成年鸡，短期内全群感染。病初精神沉郁，食欲减少或废绝，有时排绿色稀便。鼻孔有分泌物，流泪，随后表现特征性呼吸症状，咳嗽和喘气，并发出响亮的喘鸣声，呼吸时抬头伸颈，表情极为痛苦，有时蹲伏，身体随着一呼一吸而呈波浪式起伏；严重病例高度呼吸困难，咳嗽或摇头时，咳出血痰，在鸡舍走道、墙壁、水槽、食槽或鸡笼上

甩有血样黏条，个别鸡的喙角有血染。将鸡的喉头用手向上顶，令鸡张开口，可见喉头部黏膜有泡沫状液体或淡黄色凝固物附着，不易擦去，喉头出血。病鸡迅速消瘦，鸡冠发绀，衰竭而死。病程一般为10~14 天，有的康复鸡成为带毒者。产蛋鸡的产蛋量下降。

② 温和型（结膜型）。由毒力较弱的毒株引起，呈比较缓和的地方流行性，其症状为生长迟缓、产蛋减少、畸形蛋增多，流泪、结膜炎，严重病例见眶下窦肿胀，持续性鼻液增多和出血性结膜炎。一般发病率多在 5% 以内，病程短的 1 周，最长可达 4 周，多数病例可在10~14 天恢复。

（3）病理变化

① 喉气管型。特征性病变为喉头和气管黏膜肿胀、充血、出血，甚至坏死，鼻窦肿胀，内有黏液，喉和气管内有血凝块或纤维素性干酪样渗出物或气管栓塞，气管上部气管环出血。鼻腔和眶下窦黏膜也发生卡他性或纤维素性炎。产蛋鸡卵巢异常，卵泡变软、变形、出血等。十二指肠内有病毒斑，盲肠淋巴结出血明显。

② 结膜型。有的病例单独侵害眼结膜，有的则与喉、气管病变合并发生。结膜主要病变是浆液性结膜炎，表现为结膜充血、水肿，有时有点状出血。有些病鸡的眼睑，特别是下眼睑发生水肿，而有的则发生纤维素性结膜炎，角膜溃疡。

17. 鸡传染性喉气管炎的防控措施有哪些？

（1）严格坚持隔离消毒制度　由于带毒鸡是本病的主要传染源之一，因此坚持隔离、消毒是防止本病流行的有效方法。故有易感性的鸡切不可和病愈鸡或来历不明的鸡接触。新购进的鸡必须用少量的易感鸡与其做接触感染试验，隔离观察 2 周，易感鸡不发病，证明不带毒，此时方可合群。病愈鸡不可与易感鸡混群饲养，耐过的康复鸡在一定时期内带毒、排毒，所以要严格控制易感鸡与康复鸡接触，最好将病愈鸡淘汰。

（2）免疫预防　在本病流行的地区可接种疫苗，目前使用的疫苗有两种，一种是弱毒苗，是在细胞培养上或在鸡胚中继代致弱的，或在自然感染的鸡只中分离的弱毒株。此类疫苗可用于 14 日龄以上的鸡，可经点眼、滴鼻、饮水免疫，一般较安全，用苗后，7天产生免疫力。一般30日龄时首免，间隔5周再免疫1次。若60~70日龄首免，经2~3个月再次免疫，免疫期达6个月以上。注意弱毒疫苗点眼后可引起轻度的结膜炎。另一种为强毒疫苗，打开泄殖腔，用牙刷蘸取少量疫苗涂擦在泄殖腔黏膜上，注意绝不能将疫苗接种到眼、鼻、口等部位，否则会引起该病的暴发。涂擦后3~4天，泄殖腔出现潮红、水肿或出血性炎症反应，表示有效，经1周后产生坚强的免疫力，能抵抗病毒的攻击。

不论强毒疫苗或弱毒疫苗，只能在疫区或发生过该病的地区使用，而且要将未接种疫苗的鸡与接种疫苗的鸡严格隔离，因为接种上述疫苗可造成病毒的终生潜伏，偶尔活化和散毒。

目前应用生物工程技术生产的亚单位疫苗、基因缺失疫苗、活载体疫苗、病毒重组体疫苗将具有广阔的应用前景。

（3）发病时的措施 对本病要早防早治，以预防为主。虽然本病的死亡率不高，但传播速度快，发病率高，鸡群一旦发生病，就会波及全群。隔离患鸡，防止未感染鸡接触感染很重要。鸡舍内外环境用0.3%过氧乙酸或菌毒净（1∶1 500）稀释液消毒，每天1~2次，连用10天。对尚未发病的鸡用传染性喉气管炎弱毒疫苗滴眼接种。在发病鸡群采用中西医结合对症治疗。

① 投服清热解毒、镇痛、祛痰平喘、止咳化痰的中药。板蓝根1 000克，金银花1000克，射干600克，连翘600克，山豆根800克，地丁800克，杏仁800克，蒲公英800克，白芷800克，菊花600克，桔梗600克，贝母600克，麻黄350克，甘草600克。将上述中药加工成细粉，每只鸡每天2克，均匀拌入饲料，分早、晚喂服，连用3天。

② 在饲料中加入敏感抗生素和多种维生素，以防止继发感染和提高机体的抵抗力，连续用药4天。

③ 个别喉头处有伪膜的病鸡，可用小镊子将伪膜剥离取出，对着病灶吹上少许"喉正散"或"六神丸"，每天每只2~3粒，每天1次，连用3天即可。

18. 怎样诊断禽脑脊髓炎？

禽脑脊髓炎又名流行性震颤，是由禽脑脊髓炎病毒引起的一种急性、高度接触性传染病。以共济失调和快速震颤特别是头颈部震颤和非化脓性脑炎为主要特征。主要侵害幼龄鸡，并表现明显的临床症状，成年鸡多为隐性感染。

（1）发病情况　禽脑脊髓炎病毒属小 RNA 病毒科中的肠道病毒，无囊膜，对乙醚、氯仿、酸、胰酶、胃蛋白酶等有抵抗力。大部分野毒株都为嗜肠性，当家禽被感染后，病毒自粪便中排出，经口感染。也有少部分是嗜神经性的，可使雏鸡产生严重的神经症状。

自然感染见于鸡、雉、火鸡、鹌鹑、珍珠鸡等，鸡对本病最易感。各种日龄均可感染，但雏禽易感，尤以 12~21 日龄雏鸡最易感。1 月龄以上的鸡感染后不表现临床症状，产蛋鸡有一过性产蛋下降。

此病具有很强的传染性，即可水平传播也可垂直传播。直接和间接接触均可感染，而水平传播。幼雏感染后，可经粪便排毒达 2 周以上，3 周龄以上雏鸡排毒仅持续 5 天左右，病毒可在粪便中存活 4 周以上，当易感鸡接触被污染的垫料、饲料、饮水时可发生感染。垂直传播是造成本病流行的主要因素，产蛋种鸡感染后，一般无明显临床症状，但在 3 周内所产的蛋均带有病毒，这些蛋在孵化过程中一部分死亡，另一部分孵出病雏，病雏又可导致同群鸡发病。种鸡感染后可逐渐产生循环抗体，一般在感染后 4 周，种蛋就含有高滴度的母源抗体，即可保护雏鸡在出壳后不再发病，同时种鸡的带毒和排毒也减轻。

本病一年四季均可发生，以冬春季节稍多。雏鸡发病率一般为40%~60%，死亡率 10%~25%，甚至更高。

（2）临床症状与病理变化　经胚胎感染的雏鸡，1~7 天发病。经接触或经口感染的雏鸡在 11 天以后发病。病初雏鸡表现目光呆滞，行为迟钝，头颈部可见阵发性震颤，这是发病的先兆，继而出现共济失调，两腿无力，不愿走动而蹲坐在自身的跗关节上，强行驱赶时可勉强走动，但步态不稳。一侧腿麻痹时，走路跛行；双侧腿麻痹则完全不能站立，双腿呈一前一后的劈叉姿势，或双腿倒向一侧。病鸡受惊扰，如给水、加料、倒提时，在腿、翼，尤其是头颈部出现更明显的阵发性震颤，并经不规则的间歇后再次发生。有些病例仅出现颤抖而无共济失调。共济失调发展到不能行走，之后是疲乏、虚脱，最终死亡。部分存活鸡可见一侧或两侧眼的晶状体混浊或浅蓝色褪色，眼球增大，失明。

本病有明显的年龄抵抗力。1月龄以上的鸡受感染后，除出现血清学阳性外，无任何明显的临床症状和病理变化。产蛋鸡感染可发生1~2周内暂时性产蛋下降(5%~10%)，孵化率下降10%~35%。但不出现神经症状。

病鸡唯一可见的肉眼变化是胃肌层有细小的灰白区，是由浸润的淋巴细胞团块组成，这种变化不很明显，易忽略。个别雏鸡可发现小脑水肿。主要组织变化在中枢神经系统和某些内脏器官，中枢神经系统的病变为散在的非化脓性脑脊髓炎和背根神经节炎，脊髓根中的神经原周围有时聚集大量淋巴细胞。内脏组织学变化是淋巴细胞积聚，腺胃肌层密集淋巴细胞灶也具有诊断意义。肌胃肌层也有类似变化。

19. 如何防控禽脑脊髓炎？

（1）加强消毒与隔离　防止从疫区引进种蛋与种鸡，种鸡感染后1个月内所产的蛋不能用于孵化。

（2）免疫接种

① 雏鸡已确认本病时，凡出现症状的雏鸡都应立即淘汰、深埋，保护其他雏鸡。

② 在本病流行的地区，种鸡应于100~120日龄接种鸡脑脊髓炎疫苗，有较好的效果。

（3）发病时的措施　本病尚无有效的治疗方法。一般应将发病鸡群扑杀并作无害化处理。如有特殊需要，也可将病鸡隔离，给予舒适的环境，提供充足的饮水和饲料，饲料和饮水中添加维生素 E、维生素 B_1、维生素 B_2，避免能走动的鸡践踏病鸡等，可减少发病与死亡。

20. 怎样诊断鸡马立克氏病？

马立克氏病是由马立克氏病病毒引起的一种淋巴组织增生性疾病。其特征是外周神经、性腺、虹膜、内脏器官、肌肉和皮肤等发生淋巴样细胞浸润和形成肿瘤性病灶。本病传染性强，传播速度快、范围广，广泛发生于世界养禽国家。自20世纪70年代广泛使用火鸡疱疹病毒疫苗以来，该病得到了有效的控制。但近几年，世界各地相继发现毒力极强的马立克氏病毒，发病率的和死亡率却显著回升，并出现一些新特点，再度成为危害养鸡生产最严重的传染病之一，给养鸡业造成了巨大的经济损失。

（1）发病情况 马立克氏病病毒属于细胞结合性疱疹病毒科B亚群，分为三个血清型。该病毒在鸡体内存在有两种形式：一种是无囊膜的裸体病毒，存在于感染细胞的细胞核中，属于严格的细胞结合病毒，当细胞破裂死亡时，其传染性随之显著下降或丧失，即与细胞共存亡，因此在外界很容易死亡；另一种是有囊膜的完全病毒，主要存在于羽毛囊的上皮细胞中，非细胞结合型，可脱离细胞而存活。从感染鸡羽毛囊随皮屑排出的游离病毒，对外界环境的抵抗力很强，室温下其传染性可保持4~8个月。

本病毒对理化因素，如热、酸、有机溶剂及消毒药的抵抗力均不强。5%福尔马林、3%来苏尔、2%火碱等常用消毒剂均可在10分钟内杀死病毒。

鸡是最重要的自然宿主，其他禽类如火鸡、野鸡、鹌鹑也可感染，但相当少见，其他动物不感染。不同品种、年龄、性别的鸡均能感染。不同品种或品系易感性有差异。母鸡易感性略高于公鸡。鸡的年龄对发病有很大影响，年龄越小越易感，特别是出雏和育雏室的早期感染可导致发病率和死亡率都很高。年龄大的鸡感染，病毒可在体内复制，并随脱落的羽毛和皮屑排出体外，但大多不发病。自然感染最早出现症状为3周龄的鸡，一般为2~5月龄。病鸡和带毒鸡是主要的传染源。病鸡和带毒鸡的排泄物、分泌物及鸡舍内垫草均具有很强的传染性。很多外表健康的鸡可长期持续带毒排毒，使鸡舍内的灰尘成年累月保持传染性，因此鸡场一旦感染病毒，本病即能在鸡群中广泛传播，至性成熟时几乎全部感染，并持续终身。发病率差异大，可由10%以下到50%~60%，发病鸡多数死亡，只有极少数能康复。鸡群个体的相互接触是主要传播方式，主要通过呼吸道感染，也可经消化道和吸血昆虫叮咬感染。本病经种蛋垂直传播的可能性小。饲养密度越高，感染的机会越多。

（2）临床症状与病理变化 本病是一种肿瘤性疾病，潜伏期较长。受病毒的毒力、剂量、感染途径和鸡的遗传品系、年龄和性别的影响，可存在很大差异。以 2~5 月龄发病最常见，种鸡和产蛋鸡常在 16~20 周龄出现临诊症状，迟至 24~30 周龄或 60 周龄以上。根据临床症状和病变发生部位的不同可分为神经型、内脏型、眼型和皮肤型 4 种，有时混合感染。

① 神经型。又称古典型，常侵害外周神经。由于侵害神经的部位不同，症状也不同。一般病鸡出现共济失调，发生单侧或双侧性肢体麻痹。最常见的为坐骨神经受到侵害，病初步态不稳，逐渐看到一侧或两侧腿麻痹，严重时瘫痪不起，典型症状是一腿伸向前方，另一腿伸向后方，形成"劈叉姿势"。病侧肌肉萎缩，有凉感，爪子多弯曲；臂神经受害时，一侧或两侧翅膀下垂（俗称"穿大褂"）；颈肌神经受侵害时，病鸡头下垂或头颈歪斜；迷走神经受害时，可以引起嗉囊膨胀（俗称"大嗉子"）、失声及呼吸困难。

最恒定的病变部位是外周神经，以腹腔神经丛、前肠系膜神经丛、臂神经丛、坐骨神经丛和内脏大神经最常见。受害神经呈弥漫性或局灶性增生，病变神经横纹消失，失去洁白色的光泽。呈灰白色或黄白色，有时呈水肿样外观。局部弥漫性增粗，可达正常的 2~3 倍。病变常为单侧性，将两侧神经对比，易于观察。

② 内脏型。又称急性型，此型临床常见，多发于 2~3 月龄的鸡。缺乏特征性症状，病鸡呆钝，羽毛松乱，无光泽。行动迟缓，常缩颈蹲在墙角下。冠和肉髯苍白、萎缩，渐进消瘦，腹泻，病程较长，最后衰竭死亡。

主要表现为卵巢、肝、脾、肾、心、肺、胰、腺胃、肠壁和肌肉等器官和组织中可见大小不等、质地坚硬而致密的灰白色肿瘤块，有时肿瘤呈弥漫性使整个器官变得很大。卵巢肿大 4~10 倍不等，呈菜花状。肝脏肿大、质脆，有时为弥漫性肿瘤，有时见粟粒大至黄豆大的灰白色瘤，几个至几十个不等，肿瘤稍突出于肝表面，有时肿瘤如鸡蛋黄大小。腺胃肿大、增厚、质地坚实，浆膜苍白，切开后可见黏膜出血或溃疡。脾脏肿大 3~7 倍不等，表面可见呈针尖大小或米粒大的肿瘤结节。法氏囊通常萎缩，极少数情况下发生弥漫性增厚的肿瘤变化。心外膜见黄白色肿瘤，常突出于心肌表面，米粒大至黄豆大。肺脏在一侧或两侧见灰白色肿瘤，肺脏呈实质性，质硬。肌肉肿瘤多发生于胸肌，呈白色条纹状。

③ 眼型。很少见到。病鸡虹膜受害时，表现一侧或两侧虹膜正常色素消失，由正常的橘红色变为同心环状或斑点状以致弥漫的灰白色，因此又叫"灰眼病""银眼病"。瞳孔边缘不整齐呈锯齿状，严重时，瞳孔只剩针尖大的小孔，视力减退或丧失。

剖检，见虹膜褪色，瞳孔缩小、边缘不整齐，有时偏向一侧。

④ 皮肤型。较少见。此型缺乏明显的临床症状。主要表现羽毛囊肿胀，形成淡白色小结节或瘤状物。肿瘤结节呈灰黄色，突出于皮肤表面，有时破溃。此病变常见于大腿部、颈部及躯干背面生长粗大羽毛的部位。

病变常与羽囊有关。在皮肤的羽毛囊出现小结节或瘤状物，病变可融合成片。特别在换羽期的鸡最常见。

有时可见混合型，两型或三型症状同时存在。

诊断时，要注意与淋巴细胞白血病的区别（表6-1）

表6-1　鸡马立克氏病与淋巴细胞白血病的区别

病 名	马立克氏病	淋巴细胞性白血病
病 原	疱疹病毒	禽C型致瘤病毒
传播方式	水平传播	垂直传播
开始发病年龄	发病和死亡早，一般60~150日龄	发病和死亡晚，一般在150日龄以上
麻痹或不全瘫	经常出现	无
虹膜混浊	可能出现	极少
外周神经和神经节受侵害	经常出现	无
法氏囊	一般不引起肿瘤，常萎缩	常形成结节状肿瘤
对各脏器的影响	所有脏器都会引起肿瘤	主要对肝、脾、肾等引起肿瘤
皮肤和肌肉肿瘤	可能出现	无
浸润细胞类型	成熟与未成熟淋巴细胞	主要为淋巴细胞

21. 如何防控鸡马立克氏病？

（1）一般防控措施　坚持自繁自养，执行全进全出的饲养制度，避免不同日龄鸡混养；实行网上饲养和笼养，减少鸡只与羽毛粪便等接触。严格执行卫生消毒制度，尤其是种蛋、出雏器和孵化室的消毒。消除各种应激因素，注意对传染性法氏囊病、鸡白血病、鸡网状内皮组织增生症等的免疫与预防；加强检疫，及时淘汰病鸡和阳性鸡。

（2）接种疫苗　接种疫苗的同时，鸡群要封闭饲养，尤其是育雏期间应搞好封闭隔离，可减少本病的发病率。

疫苗接种应在 1 日龄，有条件的鸡场可进行胚胎免疫，即在 18 日胚龄时进行鸡胚接种。接种时注意疫苗现用现配，稀释液内不能添加任何药物，稀释后的疫苗必须于 1 小时内用完。

改进免疫程序，把过去的"常规剂量，一次免疫"改为"倍量注射，二次免疫"。即雏鸡出壳后 24 小时内注射 1.5~2 倍剂量的疫苗，以补偿因母源抗体中和作用所消耗的疫苗量，12~21 日龄第二次免疫，以激发第一次免疫已致敏的免疫细胞更强烈的免疫应答。实践证明，进行二次免疫接种保护率可提高 13.8%，显著高于一次免疫鸡群。

（3）发病时的措施　鸡群中发现疑似马立克氏病病鸡应立即剔出隔离，确诊后扑杀深埋，并增加带鸡消毒的次数，对未出现症状的鸡采用大剂量马立克氏病疫苗紧急接种，以干扰病毒传播，使未感染鸡产生免疫抗体，抵御马立克氏病强毒侵袭。

22. 怎样诊断鸡产蛋下降综合征？

产蛋下降综合征是由腺病毒引起的病毒性传染病，病鸡以产蛋量骤然下降、蛋壳异常（薄壳蛋、软壳蛋）、蛋体畸形、蛋质低劣和蛋壳颜色变淡为特征。

（1）发病情况　产蛋下降综合征病毒属于禽腺病毒科、腺病毒属禽腺病毒Ⅲ群的病毒，在 50℃条件下，对乙醚、氯仿不敏感。对不同范围的 pH 性质稳定，如在 pH 值为 3~10 的环境中能存活。加热到 56℃可存活 3 小时，60℃加热 30 分钟丧失致病力，70℃加热 20 分钟则完全灭活。在室温条件下至少存活 6 个月以上，0.3% 甲醛 24 小时、0.1% 甲醛 48 小时可使病毒完全灭活。

本病毒的易感动物主要是鸡。其自然宿主是鸭、鹅、野鸭和多种野禽。鸭感染后虽不发病，但长期带毒，带毒率可达 85% 以上。

不同品种的鸡对本病毒的易感性有差异，产褐壳蛋母鸡最易感。任何年龄鸡均可感染，幼龄鸡感染后不表现症状，血清中也查不出抗体，只有在性成熟开始产蛋后，而使产蛋鸡血清才转为阳性。本病毒主要侵害 26~32 周龄的鸡，35 周龄以上的鸡较少发病。

本病主要经过垂直传播，带病毒的种蛋孵出的雏鸡在肝脏中可回收到本病毒。水平传播也不可忽视，因为从鸡的输卵管、泄殖腔、粪便、肠内容物都能分离到病毒，病毒可通过这些途径向外排毒，污染饲料、饮水、用具、种蛋等经水平传播使其他鸡感染。此外病毒也可通过交配传播。病毒侵入鸡体后，在性成熟前对鸡不表现致病性，在产蛋初期由于应激反应，致使病毒活化而使产蛋鸡发病。

（2）临床症状与病理变化 感染鸡无明显临诊症状，通常是在 26~32 周龄产蛋鸡突然出现群体性产蛋下降，产蛋率比正常下降 20%~30%，甚至达 50%。病初蛋壳色泽变淡，紧接着产出软壳蛋、薄壳蛋、无壳蛋、小蛋、畸形蛋，蛋壳表面粗糙，蛋白水样，蛋黄色淡，或蛋白中混有血液、异物等。异常蛋可占产蛋的 15% 以上。蛋的破损率可达 40%。种蛋受精率和孵化率降低。病程一般可持续 4~10 周，以后逐渐恢复，但难以达到正常水平。

本病一般不发生死亡，无明显的病理变化。剖检可见子宫和输卵管黏膜发炎、水肿、萎缩，卵巢萎缩或有充血，卵泡充血、变形或发育不全。有的肠道出现卡他性炎症。

23. 如何防控鸡产蛋下降综合征？

（1）杜绝病毒的传入 本病主要经垂直传播，所以应从非疫区鸡群中引种，引进种鸡群要严格隔离饲养，产蛋后须经 HI 监测，只有 HI 阴性的鸡才可留做种用。产蛋下降期的种蛋不能留种用。

（2）严格执行兽医卫生措施 应做好鸡舍及周围环境和孵化室的

消毒工作，粪便无害化处理，防止饲养管理用具混用和人员串走，以防水平传染。

（3）免疫预防　免疫接种是预防本病最主要的措施。疫苗可采用产蛋下降综合征油乳剂灭活苗、产蛋下降综合征与 ND 二联油剂灭活苗或 ND-IB-EDS-76 三联油乳剂灭活菌苗。商品蛋鸡或蛋用种鸡，于 110~120 日龄每只肌注 0.5~0.7 毫升。

本病尚无有效治疗方法。鸡群发病后适当应用抗生素以防继发感染；发病鸡群亦可在饮水中加入禽用白细胞干扰素、补充电解多维，连用 7 天，可促进病鸡康复。

24. 怎样诊断鸡传染性贫血病？

鸡传染性贫血是由鸡传染性贫血病毒引起以雏鸡发生再生障碍性贫血、皮下和肌肉出血、全身性淋巴组织萎缩为主要特征的免疫抑制病，又称出血性综合征或贫血性皮炎综合征。

（1）发病情况　鸡传染性贫血病毒，属于圆环病毒科螺线病毒属唯一成员，只有一个血清型。病毒呈球形，无囊膜，无血凝性，单链环形 NDA 病毒。

本病毒对氯仿和乙醚有抵抗力，能耐受 50% 氯仿 15 分钟，50% 乙醚处理 18 小时。对酸稳定，pH 值为 3 时处理 3 小时不死，100℃ 15 分钟可以灭活，用 5% 苯酚处理 5 分钟即失去其感染性。5% 次氯酸钠 37℃作用 2 小时可失去感染力。福尔马林和含氯制剂可用于消毒。

自然条件下只有鸡对本病易感，所有年龄的鸡都可感染本病。自然发病多见于 2~4 周龄内的雏鸡，1~7 日龄雏鸡最易感。但随着年龄增加，鸡的易感性明显减少。

1~7 日龄鸡感染后发生贫血，并引起淋巴组织和骨髓肉眼可见病变，感染后 12~16 天病变最明显，第 12~28 天出现死亡，死亡率一般为 10%~50%。2 周龄以上的鸡感染而不发病；有母源抗体的雏鸡可被感染，但不发病。

本病主要通过蛋垂直传播，母鸡感染后 3~4 天内种蛋带毒，带毒的鸡胚出壳后发病死亡。本病也可通过消化道和呼吸道水平传播。

但水平传播一般不发病。

（2）临床症状与病理变化　潜伏期8~12天。本病的临床特征是贫血，一般在感染后10~12小时症状表现最明显，病鸡表现精神沉郁、消瘦，鸡冠、肉髯、皮肤和可视黏膜苍白，早期翅部皮下出血最常见。其他部位如头颈部、胸部及腿部皮下也有出血、水肿，病变部位最终破溃，并继发细菌感染，导致严重的坏疽性皮炎。发病后5~6天开始死亡，呈急性经过，死亡率通常10%~50%。发病后20~28天的存活鸡逐渐康复，但大多生长迟缓，成为僵鸡。若继发感染细菌、病毒等则可加重病情，阻碍康复，死亡率可增至60%。

血液学检查，感染鸡血液稀薄如水，血凝时间延长，血细胞容积可降低到20%以下，红、白细胞数量减少。

剖检可见全身贫血，血液稀薄，凝固不良。肌肉、内脏器官广泛性出血。胸腺明显萎缩，呈深红褐色，可能导致完全退化。骨髓萎缩最具有特征性，表现为股骨骨髓从正常的深红色变为淡黄红色，导致再生障碍性贫血和全身淋巴组织萎缩。部分病例法氏囊萎缩。肝肿大发黄，或有坏死点。腺胃黏膜出血并有灰白色脓性分泌物。

25．如何防控鸡传染性贫血病？

（1）加强检疫，防止从外地引入带毒鸡，以免将本病传入健康鸡群　重视日常的饲养管理和兽医卫生措施，严防由环境因素及其他传染病导致的免疫抑制。

（2）切断鸡传染性贫血的垂直传播　对基础种鸡群施行普查，了解鸡传染性贫血病毒的分布以及隐性感染和带毒状况，淘汰阳性鸡只，切断鸡传染性贫血的垂直传播源。

（3）免疫接种　用鸡传染性贫血弱毒冻干苗对12~16周龄种鸡饮水免疫，能有效抵抗鸡传染性贫血病毒攻击，在免疫后6周产生坚强免疫力，并持续到60~65周龄。种鸡免疫6周后所产的蛋可留作种蛋用。也可用病雏匀浆提取物饲喂未免疫种鸡，或鸡传染性贫血病毒耐过鸡的垫料掺合于未免疫青年种鸡的垫料中进行人工感染，均可取得满意的免疫效果。鸡传染性贫血病毒的母源抗体极易产生，并对子代鸡免疫保护。

26. 怎样诊断鸡大肠杆菌病?

（1）发病情况　本病是由大肠杆菌的某些致病性血清型引起，多呈继发或并发。由于大肠杆菌血清型众多，且容易产生耐药性，因此治疗难度比较大，发病率和死亡率高。

大肠杆菌是鸡肠道中的正常菌群，平时，由于肠道内有益菌和有害菌保持动态平衡状态，因此一般不发病。但当环境条件改变，蛋鸡遇到较大应激，或在病毒病发作时，都容易继发或随病毒病等伴发。可通过消化道、呼吸道、污染的种蛋等途径传播，不分年龄、季节，均可发生。饲养管理和环境条件越差，发病率和死亡率就越高。如污秽、拥挤、潮湿、通风不良的环境，过冷过热或温差很大的气候变化，有毒有害气体（氨气或硫化氢等）长期存在，饲养管理不良，营养失调（特别是维生素的缺乏）以及病原微生物（如支原体及病毒）感染所造成的应激等，均可促进本病的发生。

（2）临床症状与病理变化

① 精神不振，常呆立一侧，羽毛松乱，两翅下垂。

② 食欲减少，冠发紫，排白色、黄绿粪便。

③ 当大肠杆菌和其他病原菌（如支原体、传染性支气管炎病毒等）合并感染时，病鸡多有明显的气囊炎。临床表现呼吸困难、咳嗽。

④ 剖检时有恶臭味儿。病理变化多表现为：心包炎，气囊混浊、增厚，有干酪物，心包积液，有炎性分泌物；肝周炎，肝肿大，有白色纤维素状渗出；有些蛋鸡群头部皮下有胶冻状渗出物；腹膜炎，雏鸡有卵黄收缩不良、卵黄性腹膜炎等变化，中大鸡发病有的还表现为腹水征。

有些情况下，蛋鸡大肠杆菌病还表现以下不同类型。

全眼球炎表现为眼睑封闭，外观肿大，眼内蓄积多量脓性或干酪样物质。眼角膜变成白色不透明，表面有黄色米粒大的坏死灶。内脏器官多无变化。

大肠杆菌性肉芽肿，是在病鸡的小肠、盲肠、肠系膜及肝脏、心脏等表面形成典型的肉芽肿，外观与结核结节及马立克氏病相似。

27. 如何综合防控鸡大肠杆菌病？

（1）预防

① 选择质量好、健康的鸡苗，是保证后期大肠杆菌病少发的一个基础。

② 大肠杆菌是条件性致病菌，所以良好的饲养管理是保证该病少发的关键。例如温度、湿度、通风换气、圈舍粪便处理等都与大肠杆菌病的发生息息相关。

③ 适当的药物预防。药物的选择可根据鸡只的日龄听从兽医专家的建议，且不可滥用。

（2）治疗

① 弄清该鸡群发生的大肠杆菌病是原发病还是继发病，是单一感染还是和其他疾病混合感染，是成功治疗本病的关键。

② 通过细菌培养和药敏试验，选择高敏的大肠杆菌药物。

③ 增加维生素的添加剂量，提高机体抵抗力。

④ 改善圈舍条件，提高饲养管理水平。

28. 怎样防控鸡巴氏杆菌病（鸡霍乱）？

鸡霍乱又称巴氏杆菌病，鸡出血性败血症，由多杀性巴氏杆菌引起，主要侵害鸡、火鸡等禽类。急性病例表主要表现为突然发病、下痢、败血症状及高死亡率，剖检特征是全身黏膜、浆膜小点出血，出血性肠炎及肝脏有坏死点；慢性病例的特点是鸡冠、肉髯水肿，关节炎，病程较长，但死亡率较低。

（1）发病情况　多杀性巴氏杆菌是一个条件性致病菌，平时鸡体内都有存在。当饲养管理不当，鸡群抵抗力下降时易发生本病。多种家禽和野鸟都可感染，但鸡、鸭、鹅和火鸡最易感。雏禽有免疫力，很少发病，主要是3~4个月龄的鸡和成年鸡易感染发病。本病一年四季都可发生和流行，春秋季多见。主要通过呼吸道、消化道和皮肤创伤感染。

（2）临床症状　临床上可分为最急性、急性和慢性三种类型。

① 最急性型。常发生在暴发的初期，特别是成年产蛋鸡，没有

任何症状，突然倒地死亡。

② 急性型。最为常见，表现体温升高，少食或不食，精神不振，呼吸急促，鼻和口腔中流出混有泡沫的黏液，拉黄色、灰白色或淡绿色稀粪。鸡冠肉髯青紫色，肉髯常发生肿胀，发热和有痛感，最后出现痉挛、昏迷而死亡。

③ 慢性型。多见于流行后期或常发地区，病变常局限于病鸡身体的某一部位，如有些鸡一侧或两侧肉髯明显肿大；有些引起关节肿胀或化脓，出现跛行；有些呈现呼吸道症状，鼻流黏液，鼻窦肿大，喉头分泌物增多，病程长达一个月。

（3）病理变化

① 最急性病例，剖检无明显病变，死亡鸡只鸡冠、肉髯呈黑紫色，心外膜有少许出血点。

② 心冠脂肪出血，心包有黄色积液，充满纤维素渗出物。

③ 肝脏肿大、质脆、色变淡，表面有很多针尖大小的灰白色或灰黄色坏死点。

④ 肌胃出血显著，肠道尤其是十二指肠呈卡他性出血性炎症，肠内容物含有血液，黏膜上覆盖一层黄色纤维素样沉淀物。

⑤ 皮下、腹脂、肠系膜、浆膜有出血，呼吸道有炎症，分泌物增多，肉髯水肿或坏死，有关节炎者关节肿大、化脓或干酪样坏死。

⑥ 蛋鸡卵泡严重充血、出血，卵泡变形，呈半煮熟样，有卵黄性腹膜炎。

⑦ 肺有充血或出血点。

（4）防控　在流行区可注射菌苗（以禽霍乱蜂胶苗为好），种鸡及产蛋鸡在产前接种。鸡场不随便引进鸡苗，必须引进需隔离饲养，观察无病后方可合群。加强环境卫生消毒。

发病鸡群采用药物治疗：可选用0.1%增效磺胺饮水3~4天，疗程不超过3天，有很好的防治效果。

29. 怎样防控鸡坏死性肠炎？

坏死性肠炎又称肠毒血症，是由魏氏梭菌（A型产气荚膜梭菌）引起的一种急性传染病。主要表现为病鸡排出黑色间或混有血液的粪便，病死鸡以小肠后段黏膜坏死为特征。

（1）发病情况　自然条件下仅见鸡发生本病，肉鸡、蛋鸡均可发生，尤以平养鸡多发，育雏和育成鸡多发。一年四季均可发生，但在炎热潮湿的夏季多发。该病的发生多有明显的诱因，如鸡群密度大，通风不良；饲料的突然更换且饲料蛋白质含量低；不合理地使用药物添加剂；球虫病的发生等均会诱发本病。一般情况下该病的发病率、死亡率不高。

（2）临床症状与病理变化　病鸡精神沉郁，羽毛粗乱，食欲减退或废绝，发病早期表现为水泻，随着病情加重，排黄白色稀粪或排黄褐色糊状粪便，臭粪；有时排红色乃至黑褐色煤焦油样粪便，有的粪便混有血液或白色肠黏膜组织；多数病雏不显任何症状而突然死亡；产蛋鸡多于夜间急性死亡。慢性病例生长迟缓，排石灰水样稀便，肛门周围常被粪便污染。

病变主要在小肠，尤其是空肠和回肠部分。小肠显著肿粗至正常的2~3倍、扩张、充满气体，肠壁坏死，出血，呈紫红色；肠壁充血、出血或因附着黄褐色伪膜而肥厚、脆弱。肠内容物少，消化差，常可见到未被消化的饲料残渣，肠黏膜有卡他性炎到坏死性炎，肠黏膜脱落、出血、坏死。早期感染病例只能见到回肠、直肠段肠黏膜有米粒大小、似痱子状坏死灶，这类鸡主要表现为水泻。

（3）防控　首先常规消毒鸡舍，隔离病鸡。选择敏感抗菌药物，全群饮水或混饲给药。因肠道梭菌易与鸡小肠球虫病混合感染，故一般在治疗过程中，要适当加入一些抗球虫药。

治疗的同时，鸡舍卫生条件要改善，认真做好卫生消毒，减少密度，加强通风，搞好饲养管理等工作对迅速控制本病非常重要。对本病的预防主要是加强饲养管理，提高鸡只抗病能力。采取有效措施减少各种应激因素，并做好其他疾病的预防工作。平养鸡要控制球虫病。

30. 如何防控鸡传染性鼻炎？

鸡传染性鼻炎是由鸡嗜血杆菌引起的一种急性呼吸道传染病，多发生于阴冷潮湿季节。主要通过健康鸡与病鸡接触或吸入了被病菌污染的飞沫而传播，也可通过被污染的饲料、饮水经消化道传染。

（1）发病情况　副鸡嗜血杆菌对各种日龄的鸡群都易感，但雏鸡很少发生。在发病频繁的地区，发病正趋于低日龄，多集中在35~70日龄。一年四季都可发生，以秋冬季、春初多发。可通过空气、飞沫、饲料、水源传播，甚至人员的衣物鞋子都可作为传播媒介。一般潜伏期较短，仅1~3天。

（2）临床症状及病理变化

① 传染性鼻炎主要特征有喷嚏、发烧、鼻腔流黏液性分泌物、流泪、结膜炎、颜面和眼周围肿胀和水肿。病鸡精神不振，食欲减少，病情严重者引起呼吸困难和啰音。

② 眼部经常可见卡他性结膜炎。

③ 鼻腔、窦黏膜和气管黏膜出现急性卡他性炎症，充血、肿胀、潮红，表面覆有大量黏液，窦内有渗出物凝块或干酪样坏死物。

（3）防控　加强饲养管理，搞好卫生消毒，防止应激，搞好疫苗接种。根据本场实际情况选择适合的厂家的传染性鼻炎灭活疫苗，问题严重时可利用本场毒株制作自家苗有的放矢地预防。

本病治疗的基本原则是抗菌消炎，清热通窍。磺胺类药物是首选，大环内酯类、链霉素、庆大霉素有效。

31. 怎样防控鸡葡萄球菌病?

鸡葡萄球菌病是由金黄色葡萄球菌或其他葡萄球菌感染所引起鸡的急性败血症或慢性关节炎、脐炎、眼炎、肺炎的传染病。其临床表现为急性败血症、关节炎、雏鸡脐炎、皮肤坏死和骨膜炎。雏鸡感染后多为急性败血症的症状和病理变化；中雏多为急性或慢性；成年鸡多为慢性。雏鸡和中雏病死率较高，因而该病是集约化养鸡场中危害严重的疾病之一。

（1）发病情况　金黄色葡萄球菌在自然界中分布很广，皮肤、羽毛、肠道等处存在着大量细菌，当鸡体受到创伤时感染发病，雏鸡的脐带感染最常见。一年四季都可发病，在阴雨潮湿季节，饲养管理不善时多发，40~60日龄的鸡，特别是肉鸡发病最多。

（2）临床症状

① 翅部出血坏死；胸、腹部皮肤发生炎症，皮下有紫色和紫黑色胶冻样水肿液，有波动感，局部脱毛，有些自然破溃，流出液体粘连周围羽毛。

② 关节肿胀，呈紫黑色，触及有波动感，跛行，有的脚底肿大、化脓。

③ 雏鸡脐带愈合不良，出现脐炎，脐孔周围发炎肿大，变紫黑，质硬，俗称"大肚脐"。

④ 眼部发病出现流泪，眼肿，分泌物增多，失明。

（3）病理变化

① 急性败血型。表现胸、腹、脐部肿胀，黑紫，剪开后出现皮下出血，有大量胶冻样粉红色水肿液，肌肉有出血斑或条纹。

② 关节炎型。见关节肿胀处皮下水肿，关节液增多，关节腔内有白色或黄色絮状物。

③ 内脏型。肝脏肿大呈紫红色，肝、脾及肾脏有白色坏死点或脓疱，心包积液呈红色，半透明状。腺胃黏膜有弥漫性出血和坏死。

④ 皮肤型。体表不同部位见皮炎、坏死甚至坏疽变化。

（4）防控 防止外伤。断喙、剪趾、注射和刺种时注意消毒，防止孵化污染，做好饲养管理工作。

治疗时抗菌消炎，对症处理，改善环境，消除诱因。多种抗生素治疗有效。

32. 沙门氏菌病包括哪几种病？如何防控？

雏鸡沙门氏菌病是由沙门氏菌属引起的一组传染病，主要包括鸡白痢、鸡伤寒和鸡副伤寒。

沙门氏菌属是一大属血清学相关的革兰氏阴性杆菌，共有3000多个血清型。禽沙门氏菌病依据其病原体不同可分为五种类型。由鸡白痢沙门氏菌所引起的称为鸡白痢，由鸡伤寒沙门氏菌引起的称为禽伤寒，而其他有鞭毛能运动的沙门氏菌所引起的禽类疾病则统称为禽副伤寒。诱发禽副伤寒的沙门氏菌能广泛地感染各种动物和人类。因此，在公共卫生上也有重要意义。

（1）发病情况

① 鸡白痢。是雏鸡的一种急性、败血性传染病。2周龄以内的雏鸡发病率和死亡率都很高，成年鸡多呈慢性经过，症状不典型，但带菌种鸡可通过种蛋垂直传播给雏鸡，还可通过粪便水平传播。大多通过带菌的种蛋垂直传播。如果孵化了带菌的种蛋，雏鸡出壳1周内就可发病死亡，对育雏成活率影响极大。育成期虽有感染，但一般无明显临床症状，种鸡场一旦被污染，很难根除。

感染种蛋孵化时，一般在孵化后期或出雏器中可见到已死亡的胚胎和即将垂死的弱雏。

② 禽伤寒。主要发生于育成鸡和产蛋鸡。4~20周龄的青年鸡，特别是8~16周龄最易感。带菌鸡是本病的主要传染源。主要通过粪便感染，通过眼结膜或其他介质机械传播，也可通过种蛋垂直传播给雏鸡。

③ 禽副伤寒。是由鼠伤寒、肠炎等沙门氏菌引起的疾病的总称。主要发生于4~5日龄的初级，可引起大批死亡。以下痢、结膜炎和消瘦为特征。人吃了经污染的食物后易引起食物中毒，应引起重视。主要通过消化道和种蛋传播，也可通过呼吸道和皮肤伤口传染，一般多呈地方性流行。雏鸡多呈急性败血症经过，成年鸡多呈隐性感染。

（2）临床症状与病理变化

① 鸡白痢。早期急性死亡的雏鸡，一般不表现明显的临床症状；3周以内的雏鸡临床症状比较典型，表现为怕冷、尖叫、两翅下垂、反应迟钝、减食或废绝；排出白色糊状或白色石灰浆状的稀粪，有时黏附在泄殖腔周围。因排便次数多，肛门常被黏糊封闭，影响排粪，常称"糊肛"，病雏排粪时感到疼痛而发生尖叫声。鸡白痢病鸡还可出现张口呼吸症状。

病理变化主要表现在：心肌变性，心肌上有黄白色、米粒大小的坏死结节。病鸡瘦弱，肝脏上有密集的灰白色坏死点；肺瘀血、肉变、出血坏死。脾脏肿胀、出血、坏死。慢性鸡白痢引起盲肠肿大，形成肠芯。胰腺肉芽肿。卵黄吸收不全。

② 禽伤寒。病鸡精神差，贫血，冠和肉髯苍白皱缩，拉黄绿色稀粪。雏鸡发病与鸡白痢基本相似。

病理变化主要表现在：肝肿大，呈浅绿、棕色或古铜色，质脆，胆囊充盈膨大，肺瘀血。肠道有卡他性炎症，肠黏膜有溃疡，以十二指肠较严重，内有绿色稀粪或黏液。雏鸡病变与鸡白痢基本相似。

③禽副伤寒。病雏嗜眠，畏寒，严重水样下痢，泄殖腔周围有粪便粘污。

急性死亡的病雏鸡病理变化不明显。病程稍长或慢性经过的雏鸡，出血性肠炎。肠道黏膜水肿局部充血和点状出血，肝肿大，青铜肝，有细小灰黄色坏死灶。

（3）防控

①对雏鸡（开口时）可选用敏感的药物加入饲料或饮水中预防，防止早期感染。

②保证鸡群各个生长阶段、生长环节的清洁卫生，杀虫灭鼠，防止粪便污染饲料、饮水、空气、环境等。

③育雏舍要实行全进全出的饲养模式，推行自繁自养的管理措施。

④加强育雏期的饲养管理，保证育雏温度、湿度和饲料的营养。

⑤治疗的原则是抗菌消炎，提高抗病能力。可选择敏感抗菌药物预防和治疗，防止扩散。

⑥在饲料中添加微生态制剂，利用生物竞争排斥的现象预防鸡白痢。常用的商品制剂有促菌生、强力益生素等，可按照说明书使用。

⑦使用本场分离的沙门氏菌制成油乳剂灭活苗，做免疫接种。

⑧种鸡场必须适时检疫，检疫的时机以140日龄左右为宜，及时淘汰所有阳性鸡。种蛋入孵前要熏蒸消毒，同时要做好孵化环境、孵化器、出雏器及所有用具的消毒。

33．如何防控禽曲霉菌病？

曲霉菌病又称霉菌性肺炎。烟曲霉菌菌落初长为白色致密绒毛状，菌落形成大量孢子后，其中心呈浅蓝绿色，表面呈深绿色、灰绿色甚至为黑色丝绒状。

（1）发病情况　曲霉菌病是鸡常见的一种真菌性疾病，由曲霉菌引起，常呈急性暴发和群发性发生。主要危害20日龄内雏鸡。多见于温暖多雨季节，因垫料、饲料发霉，或因雏鸡室通气不良而导致霉菌大量生长，雏鸡吸入大量霉菌孢子而感染发病。

一般来说，蛋鸡发生霉菌常常因为与霉变的垫料、饲料接触或吸入大量霉菌孢子而感染。饲料的霉变多为放置时间过长、吸潮或鸡吃食时饲料掉到垫料中所引起，垫料的霉变更多的是木糠、稻壳等未能充分晒干吸潮而致。

（2）临床症状　20日龄内多呈暴发，成鸡多散发。精神沉郁，嗜睡，两翅下垂，食欲减少或废绝。伸颈张口，呼吸困难，甩鼻，流鼻液，但无喘鸣声。个别鸡只出现麻痹、惊厥、颈部扭曲等神经症状。

（3）病理变化　病变主要见于肺部和气囊，肺部见有曲霉菌菌落（霉菌斑）和粟粒大至绿豆大黄白色或灰白色干酪样、豆腐渣样坏死结节，其质地较硬，切面可见有层状结构，中心为干酪样坏死组织。严重时，肺部发炎。食管形成假膜，肌胃角质层溃疡、糜烂。心包积液。

（4）防控

① 预防。严禁使用霉变的米糠、稻草、稻壳等作垫料，防止使用发霉饲料。所取的饲料应该在一定的时间内鸡群要吃完（一般7天内），饲料要用木板架起放置防止吸潮。料桶要加上料罩防止饲料掉下；垫料要常清理，把垫料中的饲料清除。严格做好消毒工作，可用0.4%的过氧乙酸带鸡消毒。

② 治疗。治疗前，先全面清理霉变的垫料，停止使用发霉的饲料或清理地上发霉的饲料，用0.1%~0.2%的硫酸铜溶液全面喷洒鸡舍，换上新鲜干净的谷壳作垫料。饮水器、料桶等雏鸡接触过的用具全面清洗并用0.1%~0.2%的硫酸铜溶液浸泡。0.2%硫酸铜溶液、0.2%龙胆紫饮水或0.5%~1%碘化钾溶液饮水，制霉菌素（100粒/1包料）拌料，连用3天（每天1次），连用2~3个疗程，每个疗程间隔2天。注意控制并发或继发其他细菌病，如葡萄球菌等，可使用阿莫西林饮水。

34. 如何防控鸡支原体病（慢性呼吸道病）？

鸡支原体病又名慢性呼吸道，是由鸡毒支原体引起的蛋鸡的一种接触性、慢性呼吸道传染病。其特征是上呼吸道及邻近的窦黏膜炎症，常蔓延到气囊、气管等部位。表现为咳嗽、鼻涕、气喘和呼吸杂音。本病发展缓慢，又称败血霉形体病。

（1）发病情况　本病的传播方式有水平和垂直传播，水平传播是病鸡通过咳嗽、喷嚏或排泄物污染空气，经呼吸道传染，也能通过饲料或水源由消化道传染，也可经交配传播。垂直传播是由隐性或慢性感染的种鸡所产的带菌蛋，可使 14~21 日龄的胚胎死亡或孵出弱雏，这种弱雏因带病原体又能引起水平传播。

本病在鸡群中流行缓慢，仅在新疫区表现急性经过，当鸡群遭到其他病原体感染或寄生虫侵袭时，以及影响鸡体抵抗力降低的应激因素如预防接种，卫生不良，鸡群过分拥挤，营养不良，气候突变等均可促使或加剧本病的发生和流行。带有本病病原体的幼雏，用气雾或滴鼻的途径免疫时，能诱发致病。若用带有病原体的鸡胚制作疫苗时，则能造成疫苗的污染。本病一年四季均可发生，但以寒冷的季节流行更严重。

（2）临床症状

① 病鸡先是流稀薄或黏稠鼻液，打喷嚏，咳嗽，张口呼吸，呼吸有气管啰音，夜间比白天听得更清楚，严重者，呼吸啰音很大，似青蛙叫。

② 病鸡食欲不振，体重减轻消瘦。眼球受到压迫，发生萎缩和造成失明，可以侵害一侧眼睛，也可能两侧同时发生。

③ 易与大肠杆菌、传染性鼻炎、传染性支气管炎混合感染，从而导致气囊炎、肝周炎、心包炎，增加死亡率。若无病毒和细菌并发感染，死亡率较低。

④ 滑液囊支原体感染时，关节肿大，病鸡跛行甚至瘫痪。

（3）病理变化

① 鼻腔、气管、支气管和气囊中有渗出物，眶下窦黏膜发炎，气管黏膜常增厚。鼻窦、眶下窦卡他性炎症及黄色干酪样物。

②肺脏出血性坏死；气囊膜混浊、增厚，囊腔中含有大量干酪样渗出物。与大肠杆菌混感时，可见纤维素性心包炎、肝周炎、气囊炎。

③气管栓塞，可见黄色干酪样物堵塞气管。

④支原体关节炎时，关节肿大，尤其是跗关节，关节周围组织水肿。

（4）防控 加强饲养管理，搞好卫生，对种鸡群一定要定期检查血清学，淘汰阳性鸡；也可接种疫苗（有弱毒苗和灭活苗，按说明书使用）。

泰乐菌素、支原净等对鸡毒支原体都有效，但易产生耐药性。选用哪种药物，最好先做药敏试验，也可轮换或联合使用药物。泰乐菌素时，可通过鸡的饮水给药，用量是在每千克饮水中，对入 5~10 克的泰乐菌素，或者通过鸡的饲料来给药，用量是在每千克饲料中，拌入 10~20 克的泰乐菌素。泰乐菌素不能与聚醚类抗生素合用。使用泰乐菌素 + 甘草合剂 + 维生素 A，进行喷雾给药，效果好。

35. 怎样诊断鸡球虫病?

（1）发病情况 鸡球虫病是由寄生在雏鸡体内的艾美耳属球虫引起一种寄生类的传染性疾病。其中以柔嫩艾美尔幼虫的致病能力最强，对雏鸡造成的危害最为严重。该种疾病的流行时间为每年的5—9月，温暖潮湿季节最容易引起该种疾病暴发，一般为 15~60 日龄的雏鸡发病最为严重，其死亡率可达 70%~90%。

（2）临床症状

①病鸡精神沉郁，羽毛松乱，两翅下垂，闭眼似睡。

②全身贫血，冠、髯、皮肤、肌肉颜色苍白。

③地面平养鸡发病早期偶尔排出带血粪便，并在短时间内采食加快，随着病情发展血粪增多。尾部羽毛被血液或暗红色粪便污染。

④笼养鸡、网上平养鸡，常感染小肠球虫，呈慢性经过，病鸡消瘦，间歇性下痢，羽毛松乱，闭眼缩做一团，采食量下降，排出未被完全消化的饲料粪（料粪），粪便中混有血色丝状物或肉芽状物，胡萝卜丝样物，或西瓜瓤样稀粪。

（3）病理变化

① 柔嫩艾美耳球虫感染时表现盲肠球虫。见两侧盲肠显著肿大，增粗，外观呈暗红色或紫黑色，内为暗红色血凝块或血水，并混有肠黏膜坏死物质。

② 毒害艾美耳球虫、巨型艾美耳球虫、堆型艾美耳球虫、哈氏艾美耳球虫感染时，主要损害小肠。小肠肿胀、出血，有严重坏死；肠黏膜上有致密的麸皮样黄色假膜，肠壁增厚，剪开自动外翻；肠浆膜面上有明显的淡白色斑点。有时可形成肠套叠。

36. 如何综合防控鸡球虫病？

（1）预防

① 严格消毒。空鸡舍完全消毒，应用酒精喷灯对鸡舍的混凝土、金属物件器具以及墙壁（消毒范围不能低于鸡群2米）进行火焰消毒，消毒时一定要仔细，不能有疏漏的区域。

对木质、塑料器具用2%~3%的热碱水浸泡洗刷消毒。对饲槽、饮水器、栖架及其他用具，每7~10天（在流行期每3~4天），要用开水或热碱水洗涤消毒。

② 加强饲养管理。推广网上平养模式；加强对垫料的管理；保持鸡舍清洁干燥，搞好舍内卫生，要使鸡舍内温度适宜，阳光充足，通风良好；供给雏鸡富含维生素的饲料，以增强鸡只的抵抗力，在饲料或饮水内要增加维生素A和维生素K。

③ 做好定期药物预防。可以在7日龄首免新城疫后，选择地克珠利、妥曲珠利配合鱼肝油，将球虫在生长前期杀死。如有明显肠炎症状，可用地克珠利、妥曲珠利配合氨苄西林钠、舒巴坦钠、肠黏膜修复剂等治疗。在二免新城疫之前，若鸡群中有球虫病时，必须先治疗球虫病，再做新城疫免疫，防止引起免疫失败。10日龄前，也可不予预防性投药，待出现球虫后再治疗，可以使蛋鸡前期轻微感染球虫，后期获得对球虫感染的抵抗力。

（2）治疗　氨苄西林和硫酸链霉素，是治疗球虫和肠毒综合征的首选药物，它既可以有效控制球虫病，还对球虫病感染造成的肠道细菌感染有防治作用。可直接选择使用含有这两种成分的驱球虫药，按

说明书使用。还可以使用中药青蒿散（每 1000 只鸡量）：青蒿 200
克、常山 200 克、白头翁 180 克、秦皮 100 克、苦参 150 克、黄连
70 克、柴胡 100 克、甘草 100 克、乌梅 100 克，加水适量文火煎煮 2
次取汁饮水，药渣可拌 200 千克饲料，重症酌情加量，按鸡吃料量集
中一次给药（饮药水 + 药料），一般连用 5 天，再配以地克珠利饮水，
同时在水中加少量维生素 K，可以起到很好的效果。

37. 如何防控鸡组织滴虫病？

（1）发病情况　鸡组织滴虫病又称盲肠肝炎、鸡黑头病，是由组
织滴虫属的火鸡组织滴虫寄生于禽类的盲肠和肝脏引起的一种鸡的原
虫病。本病特征是肝脏呈榆钱样坏死，盲肠发炎呈一侧或双侧肿大；
多发于雏火鸡和雏鸡。该病常造成鸡头颈部瘀血而呈黑色，故称黑
头病。

（2）临床症状与病理变化

① 病鸡精神不振，食欲减退，翅下垂，呈硫黄色下痢，或淡黄
色或淡绿色下痢。

② 黑头，鸡冠、肉髯、头颈瘀血，发绀。

③ 一侧或两侧盲肠发炎、坏死，肠壁增厚或形成溃疡，干酪样
肠芯。

④ 肝脏肿大，表面有特征性扣状（榆钱样）凹陷坏死灶。肝出
现颜色各异、不整圆形稍有凹陷的溃疡状灶，通常呈黄灰色，或是淡
绿色。溃疡灶的大小不等，一般为 1~2 厘米的环形病灶，也可能相
互融合成大片的溃疡区。

（3）防控　加强饲养管理，建议采用笼养，用伊维菌素定期驱除
异刺线虫。

38. 如何防控鸡住白细胞原虫病？

（1）发病情况　鸡住白细胞原虫病是由住白细胞原虫属的原虫寄
生于鸡的红细胞和单核细胞而引起的一种以贫血为特征的寄生虫病，
俗称白冠病。主要由卡氏住白细胞原虫和沙氏住白细胞原虫引起。其
中，卡氏住白细胞原虫为害最为严重。该病可引起雏鸡大批死亡，中

鸡发育受阻，成鸡贫血。

该病的发生与蠓和蚋的活动密切相关。蠓和蚋分别是卡氏住白细胞原虫和沙氏住白细胞原虫的传播媒介，因而该病多发生于库蠓和蚋大量出现的温暖季节，有明显的季节性。一般气温在20℃以上时，蠓和蚋繁殖快，活动强，该病流行严重。我国南方地区多发于4—10月，北方地区多发生于7—9月。

（2）临床症状

① 雏鸡感染多呈急性经过，病鸡体温升高，精神沉郁，乏力，昏睡；食欲不振，甚至废绝；两肢轻瘫，行步困难，运动失调；口流黏液，排白绿色稀便。

② 消瘦、贫血、鸡冠和肉髯苍白，有暗红色针尖大出血点。

③ 12~14日龄的雏鸡因严重出血、咯血和呼吸困难而突然死亡，死亡率高。血液稀薄呈水样，不凝固。

（3）病理变化

① 皮下、肌肉，尤其胸肌和腿部肌肉有明显的点状或斑块状出血。

② 肠系膜、心肌、胸肌或肝、脾、胰等器官，有住白细胞原虫裂殖体增殖形成的针尖大或粟粒大，与周围组织有明显界限的灰白色或红色小结节。

（4）综合防控

① 预防。消灭昆虫媒介，控制蠓和蚋是最重要的一环。要抓好三点：一是要注意搞好鸡舍及周围环境卫生，清除鸡舍附近的杂草、水坑、畜禽粪便及污物，减少蠓、蚋滋生繁殖与藏匿；二是蠓和蚋繁殖季节，给鸡舍装配细眼纱窗，防止蠓、蚋进入；三是对鸡舍及周围环境，每隔6~7天，用6%~7%的马拉硫磷溶液或溴氰菊酯、戊酸氰醚酯等杀虫剂喷洒1次，以杀灭蠓、蚋等昆虫，切断传播途径。

② 治疗。最好选用发病鸡场未使用过的药物，或同时使用两种有效药物，以避免有抗药性而影响治疗效果。可用磺胺间甲氧嘧啶钠按50~100毫克/千克饲料，并按说明用量配合维生素 K_3 混合饮水，连用3~5天，间隔3天，药量减半后再连用5~10天即可。

39. 如何防控鸡蠕虫病？

（1）发病情况　鸡蠕虫病是鸡的常见寄生虫病，主要有蛔虫病、异刺线虫病、绦虫病等。鸡感染蠕虫后常出现生长发育迟缓、生产性能下降。

鸡感染蛔虫时，常不表现任何临床症状，严重者可在蛔虫感染后 3 周出现死亡，死亡的原因是小肠被幼虫破坏或小肠堵塞。异刺线虫没有或只有轻微的致病性，但是可通过鸡蛋传播黑头病（组织滴虫病）。绦虫有体节结构，因此很容易识别。绦虫破坏肠道，当含有虫卵的绦虫片段通过粪便排到体外，虫卵被甲壳虫（包括垫料甲壳虫）和蚂蚁吃到，鸡通过吃这些绦虫的中间宿主而再次感染，感染后 2 周，更多含有虫卵的蠕虫片段排泄到体外，又会开始下一个循环。

（2）临床症状与虫卵检查　蠕虫病的主要临床症状有：病程较慢，即慢性感染；轻微的腹泻，体重减轻或生长迟缓；母鸡干瘪，鸡冠苍白萎缩，停止产蛋；持续严重的感染时，表现鸡冠、肉髯苍白，乏力；青年鸡感染的症状比老年鸡的症状严重。

为了更好地了解蠕虫在鸡群中的感染情况，可以每 6 周数一次蠕虫卵。取 20 堆小肠粪和 20 堆盲肠粪混合。盲肠粪有时与小肠粪混合在一起，但是如果想把蛔虫和异刺线虫区分开来，必须单独收集两类粪便。异刺线虫寄生在盲肠，蛔虫寄生在小肠。粪便要尽量新鲜，样品需要冷藏，并在 1 周之内检测。当每克粪便中蛔虫卵数量超过 1 000 个，线虫卵超过 10 个时，就有必要开始使用驱虫药了。

由于异刺线虫可通过鸡蛋传播黑头病（组织滴虫病），因此，如果鸡场附近有组织滴虫病，也应该检测异刺线虫。

（3）防控　蠕虫病有多种处理方法：每 6 周驱虫 1 次，避免严重感染，每 3 周检查 1 次异刺线虫和绦虫；每 6 周进行粪便分析，死后剖检以便准确判断，基于这些分析治疗。

高效、广谱、安全的驱虫药有：左旋咪唑，剂量 25~40 毫克 / 千克体重，该药对毛细线虫、鸡蛔虫等均有很好的驱虫效果。

丙硫苯咪唑，剂量 0.15 毫克 / 千克体重，对鸡绦虫等有特效。

小群鸡驱虫时可制成丸状逐一投喂，如大群驱虫则可混料给药。

良好的卫生条件对防制蠕虫病相当重要。一般蠕虫的虫卵或幼虫都要在外界发育至一定阶段才具有感染力，因此，可以利用卫生措施，将存在于外界的病原体消除，以中断其生活史。另外，一些蠕虫的发育需要中间宿主参与，如果能使鸡不接触或减少与中间宿主接触，或者将中间宿主杀灭，对防制此类蠕虫病亦是行之有效的措施。

40. 怎样防控鸡痛风？

（1）发病情况　鸡痛风病是由于鸡机体内蛋白质代谢发生障碍，使大量的尿酸盐蓄积，沉积于内脏或关节而形成的高尿酸血症。当饲料中蛋白质含量过高，特别是动物内脏、肉屑、鱼粉、大豆和豌豆等富含核蛋白和嘌呤碱的原料过多时，可导致严重痛风。饲料中镁和钙过多或日粮中长期缺乏维生素 A 等，均可诱发本病。

（2）临床症状与病理变化

① 患病鸡开始无明显症状，以后逐渐表现为精神萎靡，食欲不振，消瘦，贫血，鸡冠萎缩、苍白。

② 泄殖腔松弛，不自主地排白色稀便，污染泄殖腔下部羽毛。

③ 关节型痛风，可见关节肿胀，瘫痪。病鸡蹲坐或独肢站立，跛行。

④ 幼雏痛风，出壳数日到 10 日龄，排白色粪便。

⑤ 脚垫肿胀，有白色尿酸盐沉积；关节内充满白色黏稠液体，严重时关节组织发生溃疡、坏死。

⑥ 病死鸡肌肉、心脏、肝脏、腹膜、脾脏、肾脏及肠系膜、浆膜面等覆盖一层白色尿酸盐，似石灰样白膜。

（3）防控　加强饲养管理，保证饲料的质量和营养的全价，尤其不能缺乏维生素 A；不要长期使用或过量使用对肾脏有损害的药物及消毒剂，如磺胺类药物、庆大霉素、卡那霉素、链霉素等。

治疗过程中，降低饲料蛋白质水平，饮水中加入电解多维，给予充足的饮水。饲料和饮水中添加阿莫西林、人工补液盐等，连用 3~5 天，可缓解病情。使用清热解毒、通淋排石的中药方剂，也有较好疗效。

41. 怎样防控鸡痢菌净中毒？

（1）发病情况　痢菌净学名乙酰甲喹，为兽用广谱抗菌药物。由于其价格低廉，且对大肠杆菌病、沙门氏菌病、巴氏杆菌病等都有较好的治疗作用，故在养鸡生产中被广泛应用。

常见中毒的原因，一是搅拌不匀导致中毒，特别是雏鸡更为明显；二是计算错误或称重不准确，使药物用量过大而导致中毒；三是连续多次重复或过量用药，由于痢菌净有蓄积中毒的危险，加上当前兽药品种繁多，很多品种未标明实有成分，致使两种药物合用加大了痢菌净的用量，造成中毒；四是个别养殖户滥用药，随意加大用药剂量导致中毒。

（2）临床症状与病理变化

① 乙酰甲喹中毒造成的死亡率可达20%~40%，有的甚至90%以上，且鸡日龄越小，对药物越敏感，给养鸡业造成的损失也就越大。

② 病鸡缩颈呆立，翅膀下垂，喙、爪发绀，不喜活动，常呆立，采食减少或废绝。个别雏鸡发出尖叫声，腿软无力，步态不稳，肌肉震颤，最后倒地，抽搐而死。

③ 刚中毒的鸡，腺胃和肌胃交接处有暗褐色坏死。中毒死亡的鸡，腺胃肿胀，乳头出血，肌胃皮质层脱落、出血、溃疡；腺胃、腺胃与肌胃交界处陈旧性出血、糜烂。

④ 小肠中断局灶性出血；盲肠、结肠内有血样内容物。

⑤ 肝脏肿大，呈暗红色，质脆易碎，胆囊肿大。

（3）防控　迅速停用痢菌净或含有痢菌净成分的药物。治疗原则是解毒、保肝、护肝、强心。首选药物为5%葡萄糖和0.1%维生素C，并且维生素C要在0.1%的基础上逐渐递减，同时要严禁用对肝和肾有副作用的药物以及干扰素类生物制品。

生产中应用含有痢菌净成分的药物防治细菌性疾病时应特别慎重。

42. 如何防控鸡磺胺类药物中毒？

（1）发病情况　磺胺类药物可分为三类：第一类是易于肠道内吸

收的；第二类是难以吸收的；第三类是局部外用的。其中以第一类中毒较易发生。

中毒原因有四：一是长时间、大剂量使用磺胺类药物防治鸡球虫病、禽霍乱、鸡白痢等疾病；二是在饲料中搅拌不匀；三是由于计算失误，用药超过规定剂量；四是用于幼龄或弱质蛋鸡，或饲料中缺乏维生素K。

（2）临床症状与病理变化

① 病鸡表现委顿、采食量减少、体重减轻或增重减慢，常伴有下痢。由于中毒的程度不同，鸡冠和肉髯先是苍白，继而发生黄疸。

② 皮下胶冻样，出血，肌肉和内部器官出血，尤以胸肌、大腿肌明显，呈点状或斑状出血；肠道可见点状和斑块状出血，盲肠内含有血液。

③ 腺胃和肌胃角质层下可能出血；肝肿大、色黄，常有出血点和坏死灶。

④ 肾脏肿大，土黄色；输尿管增粗，充满尿酸盐，肾盂和肾小管可见磺胺结晶。

⑤ 雏鸡比成年鸡更易中毒，常发生于6周龄以下的蛋鸡群。可造成大量死亡。

（3）防控　使用磺胺类药物时用量要准确，搅拌要均匀；用药时间不应过长，一般不超过5天；雏鸡应用磺胺二甲嘧啶和磺胺喹噁啉时要特别注意；用药时应提高饲料中维生素K_3和B族维生素的含量；将2~3种磺胺类药物联合使用可提高防治效果，减慢细菌耐药性。

对发病的鸡立即停药，增加饮水量，在饮水中加入1%~2%的小苏打水和5%葡萄糖水，加大饲料中维生素K_3和维生素B的含量；早期中毒可用甘草糖水进行一般性解毒，严重者可考虑通肾。

43. 如何防控鸡维生素E、硒缺乏症?

雏鸡硒与维生素E缺乏症是一种营养病，系因雏鸡体内的微量元素硒和维生素E缺乏而致。雏鸡患此病后会脑软化，并出现渗出性素质，肌肉开始出现营养不良的状况，不利于雏鸡的健康生长。

（1）主要临床症状

① 脑软化症。主要是维生素 E 缺乏所致的以雏鸡小脑软化为主要病变、共济失调为主要症状的疾病，本病主要发生于 2~7 周龄的雏鸡。缺乏维生素 E 时，雏鸡发育不良、软弱、精神不振。特征性症状为运动障碍，头向下或向后弯曲挛缩，有时向一侧弯曲或向后仰，呈角弓反张状。两腿阵发性痉挛抽搐，不完全麻痹，步态不稳，最后瘫痪。由于采食困难，最后衰竭死亡。

② 渗出性素质。是由维生素 E 和硒同时缺乏所致。一般 3~6 周龄和 16~40 周龄的鸡易发生。其特征是毛细血管通透性增加，造成血浆蛋白和崩解红细胞释放的血红蛋白进入皮下，使皮肤呈淡绿色至淡蓝色。

③ 白肌病（肌肉营养不良）。

（2）病理变化 两侧股内侧皮下有淡蓝色胶冻样渗出物，胸部和大腿肌肉有大小形状不等的斑块状出血或带状出血；心冠脂肪弥漫性出血，心肌表面有出血斑，心肌质地松软，心包积液；脑膜充血、水肿，小脑柔软，小脑表面充血、出血，脑回平展。

（3）防控 对病鸡用亚硒酸钠维生素 E 注射液 (10 毫升内含亚硒酸钠 10 毫克，含维生素 E500 国际单位)，每只鸡注射 0.5~1.0 毫升。

对全群鸡在日粮中添加亚硒酸钠维生素 E 粉，按每千克饲料拌入 0.5 克。在饮水中添加亚硒酸钠维生素 E 注射液，按每毫升混于 100~200 毫升水中，供鸡自由饮用。

饲料贮存时间不可过长，以免受到无机盐和不饱和脂肪酸氧化，或拮抗物质（酵母曲、硫酸铵制剂）的破坏。日粮中要保证供给足量的含硒维生素 E 添加剂。

44. 如何防控鸡维生素 D 缺乏症？

（1）发病情况 鸡维生素 D 缺乏症是由于维生素 D 供应不足，或其他因素引起，以骨骼、喙和蛋壳发育异常为特征的一种营养代谢性疾病。

鸡长时间得不到阳光照晒，且日粮中维生素 D 的供给不足时，很容易发生本病。鸡患胃肠疾病或肝、肾等疾病时，维生素 D 在体内的转化、吸收和利用受到阻碍，也可造成维生素 D 的缺乏。同时，饲料中无机锰的含量较多时，维生素 D 的作用也会受到一定的影响。

（2）症状与病理变化　雏鸡缺乏维生素 D 时，最早可在 10 日龄左右即出现临床症状，但多在 3~4 周龄后出现症状。表现为生长发育受阻，羽毛蓬乱无光，食欲尚好，但两腿无力，步态不稳，不爱走动或走路不稳，常以飞节着地行走，有时瘫痪；喙和脚爪变软，弯曲，变形，腿骨变脆，易发生骨折。

维生素 D 缺乏症的病理剖检变化主要表现在骨骼和甲状旁腺。甲状旁腺因为增生而体积变大。骨骼变软、变形，易于折断。胸骨呈 S 形弯曲，与肋软骨连接处的肋骨内侧面明显肿大，形成数个圆形结节，似串珠状。椎骨和肋骨交接处也有类似情况。维生素 D 严重缺乏时，骨骼出现明显变形，胸骨在其中部急剧内陷，脊柱在荐骨与尾椎区向下弯曲，从而使胸腔体积变小。

（3）防控　鸡维生素 D 缺乏症的主要预防措施是在饲料中按鸡不同发育阶段补给足量的维生素 D；鸡饲料不要存放时间过长，并且注意锰的用量不能过多；同时防治好影响维生素 D 吸收、转化等的一些疾病；饲料中钙磷比例合适。

治疗时，可在饲料中添加鱼肝油，浓度按 10~20 毫升 / 千克饲料，同时在饲料中适当多添加一些多种维生素，连用 10~20 天。也可用维生素 D_3 注射液，按 1 万国际单位 / 千克体重一次，肌内注射，也有良好的疗效。病重瘫痪鸡，可肌内注射维丁胶性钙，每日 1 次，每只 1 毫升，连用 3 天。保证饲料中维生素 D_3 含量。雏鸡饲料中每千克应含维生素 D_3 220 国际单位，尽量让鸡多晒太阳。

45. 如何防控雏鸡锰缺乏症?

病雏鸡的特征症状是生长停滞，骨短粗症。胫 - 跗关节增大，胫骨下端和跗骨上端弯曲扭转，使腓肠肌腱从跗关节的骨槽中滑出而呈现脱腱症状。病鸡腿部变弯曲或扭曲，腿关节扁平而无法支持体重，将身体压在跗关节上。严重病例多因不能行动、无法采食而饿死。

　　病死鸡骨骼短粗，管骨变形，骺肥厚，骨板变薄，剖面可见密质骨多孔，在骺端尤其明显。骨骼的硬度尚良好，相对重量未减少或有所增多。

　　为防治雏鸡骨短粗症，可于 100 千克饲料中添加 12~24 克硫酸锰，或用 1∶3 000 高锰酸钾溶液作饮水，每日更换 2~3 次，连用 2 日，以后再用 2 日。糠麸为含锰丰富的饲料，每千克米糠中含锰 300 毫克左右，用此调整日粮也有良好的预防作用。

　　注意补锰时防止中毒，高浓度的锰 (3×10^{-3}) 可降低血红蛋白和红细胞压积以及肝脏铁离子的水平，导致贫血，影响雏鸡的生长发育。过量的锰对钙和磷的利用有不良影响。

参考文献

[1] 陈理盾，李新正，靳双星 . 禽病彩色图谱 [M]. 沈阳：辽宁科学技术出版社，2009.

[2] 李连任 . 轻松学鸡病防制 [M]. 北京：中国农业科学技术出版社，2014.

[3] 李连任 . 图解蛋鸡的信号与饲养管理 [M]. 北京：化学工业出版社，2015.